MARC LUBETZKI

IM GESPRÄCH

MIT WILDEN PFERDEN

Natürlich kommunizieren –
die Koniks machen es uns vor

MIT KOSMOS MEHR ENTDECKEN

Vertrauen
als Basis einer
Beziehung

SEIT 1822

KOSMOS

Inhalt

NATÜRLICH KOMMUNIZIEREN

Pferde sind sehr anpassungsfähig. Leben sie bei uns Menschen, akzeptieren sie unsere Lebensweise und lernen sogar unsere Körpersprache. Drehen wir das Ganze doch einfach einmal um und passen unsere Kommunikation an die der Pferde an.

Dafür ist es erforderlich, die Sprache direkt von Pferden zu lernen, die noch nicht vom Menschen auf diverse Signale konditioniert worden sind und bei denen wir alle Formen der Kommunikation beobachten können. Das ist nur an einem Ort möglich, an dem mehrere Herden mit Hengsten, Stuten und ihrem Nachwuchs autark leben. Die Geltinger Birk, eine Halbinsel in der Flensburger Förde, ist ein solcher Ort. Dort leben bis zu einhundert Koniks in einem großen Herdenverband und können eigenständig ihre Herden bilden. Die Pferde werden weder gefüttert noch vom Menschen in irgendeiner Weise genutzt. Alle Wildtiere, wild lebende Pferde eingeschlossen, kommen sehr gut ohne uns Menschen zurecht, vorausgesetzt wir stören sie nicht und lassen ihnen genug Raum zum Leben.

Genau an diesen beiden Punkten setzen Nationalparks und Naturschutzgebiete an. Während die sechzehn Nationalparks in Deutschland Schutzgebiete sind, in denen eine intakte Natur sich selbst überlassen wird, sind Naturschutzgebiete Flächen, auf denen ein natürlicher Lebensraum mit Unterstützung des Menschen wiederhergestellt wird. Die Geltinger Birk ist ein solches Renaturierungsgebiet. Sie ist ein für die Pflanzen- und Tierwelt besonders wertvoller Lebensraum, welcher mithilfe der im Jahr 1824 erbauten Erdholländermühle Charlotte zunächst für die landwirtschaftliche Nutzung trockengelegt wurde und in Teilen seit 1934 unter Naturschutz steht. Anfang der 1990er-Jahre wurde dann beschlossen, das Schutzgebiet zu erweitern und damit der ursprüngliche Zustand so gut wie möglich wiederhergestellt wird, sukzessiv mit der Wiedervernässung zu beginnen. Kein einfaches Unterfangen, denn Deutschland ist gut organisiert und die verschiedenen Interessengruppen haben jeweils ihre eigenen Vorstellungen davon, was in einem Naturschutzgebiet Platz finden soll. Andererseits ist diese Herausforderung aber auch genau das, was einen stabilen Lebensraum ausmacht: ein Gleichgewicht durch Artenvielfalt.

NATURSCHUTZGEBIET

Für das Naturschutzgebiet Geltinger Birk ist es ein großer Vorteil, dass Ornithologen, Reptilienexperten, Botaniker, Jäger, Meeresbiologen, Pferdefreunde sowie die Landpächter und Eigentümer eine gemeinsame Anlaufstelle vor Ort haben. Die Integrierte Station in Falshöft ist der Ort, an dem alles zusammenläuft. Von hier aus erfolgt das Management und die fachliche Betreuung. Die vier Mitarbeiter der oberen Naturschutzbehörde werden von zahlreichen Helfern unterstützt. Es ist also einiger Aufwand notwendig, um ein Ökosystem wiederherzustellen und gleichzeitig die Öffentlichkeit nicht ganz auszuschließen. Kein einfacher Spagat, der auf der Geltinger Birk gelungen ist.

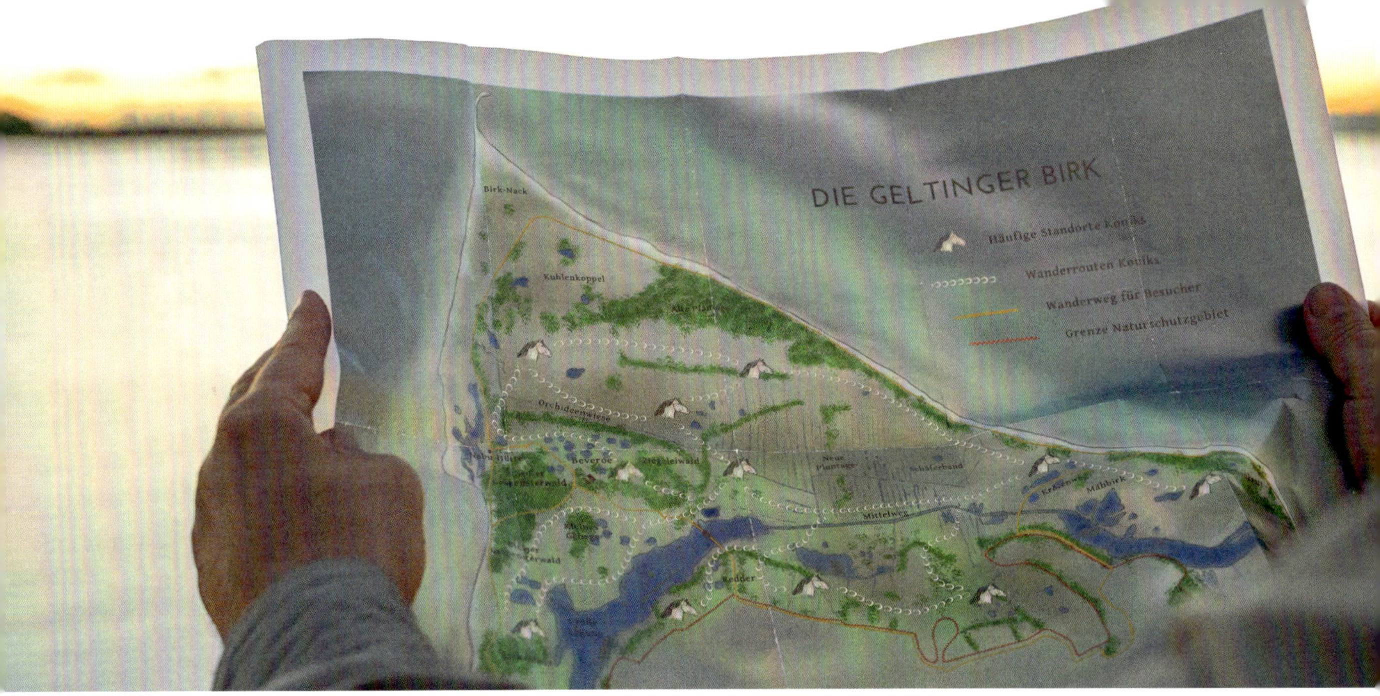

Alle Aufnahmen aus diesem Buch haben wir bei den Koniks auf der Halbinsel Geltinger Birk gemacht.

DIE BIRK ERLEBEN

Das Naturschutzgebiet ist das ganze Jahr über für Menschen zugänglich. Damit die Tiere aber ungestört leben können, dürfen die Besucher den zehn Kilometer langen Wanderweg nicht verlassen. Trotzdem ist es möglich, von dort aus einen tollen Einblick in die Besonderheiten der Geltinger Birk zu bekommen und mit etwas Glück sind vom Rundweg aus auch die Koniks zu sehen.

VON KONIKS LERNEN

Als Tierfilmer und Wildpferdeforscher bin ich sehr dankbar, dass ich nach Absprache seit nunmehr zehn Jahren die Erlaubnis habe, die Koniks der Birk regelmäßig zu beobachten und zu filmen. Da eine intensive Forschung nicht aus der Ferne möglich ist, werde ich bei meinen Aufenthalten Teil der Herde und übernehme die Sprache der Pferde ganz automatisch. Mir selbst war das lange Zeit gar nicht so bewusst, bis ein guter Freund mich vor drei Jahren fragte: „Wie machst du das eigentlich? Wie wirst du von einer Herde aufgenommen und wie kommunizierst du mit ihnen?“ Ich konnte es ihm damals nicht detailliert beantworten und erwiderte etwas hilflos: „Ich passe mich so gut es geht an die Wildpferde an und lebe dann einfach mit ihnen zusammen.“ Das war für meinen Freund natürlich eine unbefriedigende Antwort. Wollte doch auch er zu Hause mit seinen Pferden ohne Hilfsmittel wie Halfter, Strick oder Gerte zusammenleben und auf ursprüngliche Art und Weise kommunizieren.

ZU HAUSE NACHMACHEN

Daraufhin habe ich die einzelnen Schritte, die ich bei jedem Besuch von Wildpferden, egal in welchem Gebiet der Erde ich unterwegs bin, durchlaufe, notiert und meinem Freund davon berichtet. Unsere Gespräche habe ich anschließend am Beispiel der Koniks, mithilfe meiner Frau Eike, die meine Kommunikation mit ihnen fotografiert hat, in diesem Buch zusammengefasst. Ich hoffe, dass es dadurch vielen Pferdehaltern leichter fällt, diese ursprüngliche Art der Pferdesprache mit ihren Tieren zu Hause nachzumachen. Dabei wünsche ich allen Menschen und Pferden viel Freude.

Liebe Grüße Marc

DIE 5 BEZIEHUNGSEBENEN

Die Grundlage einer natürlichen Kommunikation mit Pferden sind die verschiedenen Ebenen einer Beziehung. Je nach Beziehungsebene führen Pferde unterschiedliche Gespräche. Pferde stimmen dafür den Verlauf der Kommunikation und die Signale auf ihr Gegenüber ab, was wir genauso machen sollten.

FAR AWAY

Bitte nicht stören

Im ersten Schritt halten wir die natürliche Fluchtdistanz ein und passen uns den Pferden an. Wir berücksichtigen, dass Pferde ihre Umgebung anders wahrnehmen als Menschen und auf Reize entsprechend reagieren. Bemerken uns die Pferde, sollen sie trotzdem ungestört ihrer momentanen Beschäftigung weiter nachgehen können.

IN TOUCH

Kontakt aufnehmen

Um die Distanz zu unterschreiten, haben wir zwei Möglichkeiten: Wir können den Abstand aktiv verkleinern oder wir lassen die Pferde von sich aus näherkommen. Bevor wir einen direkten Kontakt mit einem Pferd oder einer Herde aufnehmen, warten wir immer auf das positive Signal unseres Gegenübers. Erst danach begeben wir uns in den Kreis der Herde.

INSIDE

Teil der Herde werden

Erst in der dritten Beziehungsebene können wir uns frei zwischen Pferden bewegen und an ihrem Leben teilnehmen. Dabei fügen wir uns in die Sozialgemeinschaft ein und beachten die Regeln, die innerhalb einer Herde gelten. Wir lernen die einzelnen Pferde der Gruppe kennen und gehen gemeinsam den täglichen Aktivitäten nach.

GREAT JOB

Aufgaben erledigen

Da sich innerhalb einer Herde die erwachsenen Pferde gegenseitig bei der Erledigung vieler Aufgaben helfen, ist es normal, dass wir uns daran beteiligen. Dabei müssen wir immer zum Wohl der Herde handeln. Ist unsere Unterstützung beständig, erlauben uns die Pferde, innerhalb ihrer Gruppe bei der Führung in Alltagssituationen mitzuwirken.

LEADER

Verantwortung tragen

In der fünften Beziehungsebene tragen wir die Verantwortung und übernehmen neben der weiterhin gemeinsamen Führung der Herde zusätzlich die ritualisierte Kommunikation mit den Hengsten aus benachbarten Herden. Außerdem treffen wir bei Uneinigkeit zwischen den führenden Pferden unserer Herde die Entscheidung über die weitere Vorgehensweise und Zugrichtung.

MENSCH SEIN –

und pferdisch sprechen

Pferde schätzen es, wenn wir uns an ihre Lebensweise anpassen und ihre natürlichen Signale verwenden. Sie belohnen unser Einfühlungsvermögen mit einer tiefen Freundschaft und einer feinen Kommunikation. Trotzdem bleiben wir natürlich Menschen und können auch unseren Intellekt einsetzen, um den Pferden ihr Leben und die gemeinsame Zeit mit uns zu erleichtern.

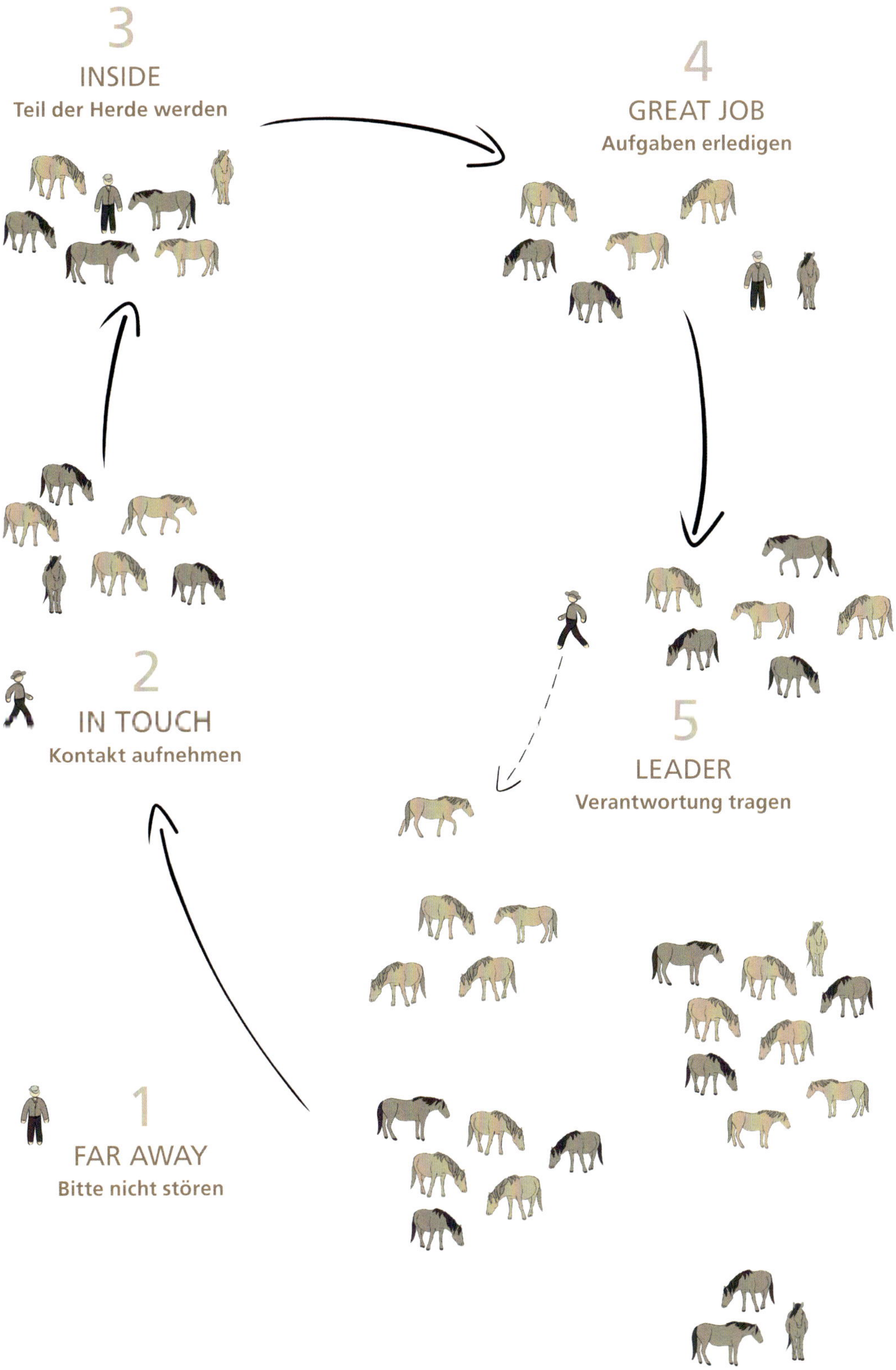
3
INSIDE
Teil der Herde werden
4
GREAT JOB
Aufgaben erledigen
2
IN TOUCH
Kontakt aufnehmen
5
LEADER
Verantwortung tragen
1
FAR AWAY
Bitte nicht stören

FAR AWAY

— Bitte nicht stören

ANKOMMEN

Schneller, weiter, höher – das scheint das Motto der modernen Gesellschaft zu sein. Die Natur hält dagegen einen anderen Weg für uns bereit. Einen Weg, der uns die Balance zwischen Wachstum und Stabilität zeigt. Um ihn zu finden, müssen wir zunächst kurz innehalten.

Ich sehe die Natur nicht als ruhiges Gegengewicht zur hektischen Zivilisation, sondern als fein austarierten Mittelpunkt unserer Welt. Wir Menschen haben uns dabei im Laufe der Zeit leider sehr weit von diesem Zentrum entfernt und suchen nun wieder nach Möglichkeiten, um in Balance zu kommen. Der Aufenthalt in einem Naturschutzgebiet kann uns dabei helfen. Nur sollten wir darauf achten, dass nicht genau das Gegenteil passiert und wir eine noch intakte Natur durch unsere Hektik aus dem Gleichgewicht bringen. Deshalb ist es gut, wenn wir einmal auf die Bremse treten und zur Besinnung kommen.

Weg mit den negativen Energien. Ausatmen in den Himmel.

Ich habe mir angewöhnt, bei der Ankunft auf der Geltinger Birk ein kleines Ritual durchzuführen. Zunächst warte ich einen kurzen Moment, bevor ich aus meinem Wagen aussteige. Oft habe ich mich auf der Fahrt über Autofahrer, die zu schnell gefahren sind, aufgeregt. Steige ich dann aus, lasse ich diese und andere negative Gedanken genauso zurück wie mein Auto.
Die ersten Schritte zu Fuß fühlen sich dann wie eine Erleichterung an. Eine Fortbewegung ohne Hilfsmittel entspricht unserer Natur. Wir können zwar auch schneller laufen, aber nur im Rahmen unserer gegebenen Fähigkeiten. Doch leider erwische ich mich fast immer dabei, ein zu hohes Grundtempo einzunehmen.
Deshalb suche ich mir gleich zu Beginn einen schönen Platz auf der Birk und halte an, um einmal tief durchzuatmen und alle unruhigen Energien in den Himmel zu schicken. Ich atme dafür mit gesenktem Kopf durch die Nase tief ein, lasse dann meinen Kopf in den Nacken fallen und atme durch den Mund in Richtung Himmel wieder aus. Manchmal unterstütze ich dieses Ritual, indem ich meine Arme, während ich ausatme, nach oben strecke. Das wiederhole ich so lange, bis ich vollkommen stressfrei bin.
Danach suche ich mir einen anderen Platz. Gerne wähle ich dafür eine abgeschiedene Stelle im Wald und setze mich dort auf einen umgestürzten Baumstamm. Nach einer Weile schließe ich meine Augen, senke meinen Kopf und lege meine Hände übereinandergelegt in den Schoß. In dieser Position verharre so lange, bis ich vollständig zur Ruhe gekommen bin.

Um zur Ruhe zu kommen, atme ich durch die Nase ein, bewege dabei meinen Rücken leicht nach hinten und atme mit einer leichten Vorwärtsbewegung des Bauches wieder aus. Das Ausatmen dauert doppelt so lange wie das Einatmen.

Auf den Wegen der Koniks.

Typisch Naturschutzgebiet: ein fließender Übergang von Wald, Busch, Weide…

AUF DEN WEGEN BLEIBEN

Der Rundweg auf der Geltinger Birk ist für die Besucher gut ausgeschildert. Und auch die Wege der Tiere sind für uns gut sichtbar. Eine Ameisenstraße fällt aufgrund der starken Verkehrsdichte fast jedem Spaziergänger auf und Bezeichnungen wie „Krötenweg" verraten uns, welche Tiere verborgen von hohen Gräsern unterwegs sind. Sogar Spinnen nutzen auf dem Weg zu ihren Netzen dieselben Grashalme, und die Kormorane fliegen auf bevorzugten Korridoren morgens von ihren Nistplätzen an der großen Lagune zur Ostsee zum Fischen. Gehe ich nun in das Schutzgebiet hinein, um die Koniks zu suchen, laufe auch ich nicht ziellos umher.

Welche Wege ich nutze, ist wohl nicht schwer zu erraten: die Wanderrouten der Koniks.

Die Pfade der Pferde sind mit etwas Übung leicht zu erkennen. Sie sehen so ähnlich aus wie die Wildwechsel der Rehe und sind aufgrund der größeren Anzahl der Pferde und ihres höheren Körpergewichts stärker ausgetreten und dadurch noch deutlicher zu erkennen.

Im Laufe der Zeit haben die Koniks sich so ein eigenes Wegenetz auf der Geltinger Birk angelegt. Dass ich auf der Suche nach den Koniks ihre Pfade nicht verlasse, hat mehrere Vorteile. Zunächst ist es für mich leichter, auf ausgetretenen Wegen zu laufen, als durch unebenes Gelände zu gehen. Außerdem wird meine Hose durch das hohe feuchte Gras nicht nass und sie wird auch nicht so schnell von Brombeeren oder Weißdornzweigen eingerissen. Der Vorteil für die Natur ist nicht weniger groß. Benutze ich vorhandene Pfade, zertrete ich nicht unnötig Pflanzen und kann besser auf die Umgebung achten. So schaue ich bei feuchtem Wetter besonders nach Fröschen, Kröten und Schnecken. Kreuzt ein Tier meinen Weg, halte ich an und beobachte, in welche Richtung es sich bewegt und frage mich, woher es wohl gerade kommt und wohin es unterwegs ist. Meist finde ich schnell eine Antwort darauf und entdecke in der Nähe einen kleinen Tümpel oder eine Sandkuhle. Schlängelt sich dagegen eine Blindschleiche über den Weg, ist sie oft wieder im Gras verschwunden, bevor ich überhaupt stehen bleiben kann. Ja, schon die Vielfalt an Kleintieren ist ein Indiz für die abwechslungsreiche Vegetation auf der Geltinger Birk.

Beispiele hierfür sind der Naturwald bei Beveroe, der Trockenrasen unterhalb der Alten Plantage, Heide auf der Kuhlenkoppel und vereinzelt auch oberhalb der Neuen Plantage, Röhricht, Sumpf

... zum Meeresboden im Landesinneren.

und Feuchtland auf der Mähbirk und an vielen Vertiefungen sowie Salzwiesen in den Überschwemmungsbereichen. Die unterschiedlichen Bodenverhältnisse bieten die Grundlage für die existierende Artenvielfalt. Das Besondere an einem natürlichen Bewuchs sind die Übergänge von der niedrigen Krautschicht über die Sträucher bis hin zu den Bäumen. Dieser sanfte Wechsel der Vegetationszonen fehlt leider in einer Kulturlandschaft und ist aber gerade der Bereich, indem sich viele Tiere und auch die Pferde sehr wohlfühlen. An den sogenannten halb offenen Standorten sind die Koniks daher häufig anzutreffen. Es wäre also ein Leichtes, schnurstracks auf ihren Wegen zu ihren Lieblingsplätzen zu gehen und „Hallo" zu sagen. Das wäre aber nicht im Sinne einer natürlichen Kommunikation. Bevor ich Kontakt zu den Koniks aufnehme, möchte ich ihren Lebensraum näher kennenlernen, und zwar möglichst so, wie sie ihn wahrnehmen. „Muss ich das zu Hause auch so machen?", fragt mein Freund mich etwas ungläubig, „ich kenne ja meinen Hof in- und auswendig und der Weg vom Wohnhaus zum Stall ist sehr kurz." Ich nicke energisch: „Ja, unbedingt. Für dich ist das durch die kurzen Wege sogar noch wichtiger, da du weniger Zeit hast, um zur Ruhe zu kommen. Du kannst bereits in der Haustür mit dem Ritual beginnen und dort kurz anhalten, nach oben schauen und alles, was dich zuvor beschäftigt hat, in den Himmel pusten. Dann gehst du ein paar Meter weiter, lehnst dich an die Hauswand, schließt die Augen und lässt dir ein paar Minuten die Sonne ins Gesicht scheinen. Wenn du möchtest, kannst du dir dort auch einen Stuhl oder eine kleine Bank hinstellen. Dann wirst du automatisch daran erinnert, kurz innezuhalten, bevor du zu deinen Pferden gehst."
Ich sehe, wie mein Freund sich entspannt und mir zustimmt: „Stimmt schon, wir sind immer zu eilig unterwegs."

Ablauf

RITUAL ANKOMMEN

— Bleibe eine Minute im Auto sitzen
— Gehe zu einem Platz mit freier Sicht
— Puste alle negativen Energien in den Himmel
— Gehe zu einem deiner Wohlfühlplätze
— Schließe deine Augen und komme zur Ruhe
— Gehe einen dir vertrauten Weg
— Achte auf die Details der Umgebung

DIE NATÜRLICHE STILLE

Vollkommen leise ist es auch auf der Geltinger Birk nicht, aber die meisten Geräusche sind im Gegensatz zum Lärm der Großstadt natürlichen Ursprungs. Für viele Menschen sind die Klänge der Natur ungewohnt, doch die Tiere können jeden Ton genau zuordnen.

Diese Fähigkeit können wir uns genauso aneignen. Ich bewundere immer die Ornithologen, die jede Vogelstimme sofort erkennen. Davon bin ich weit entfernt. Da die Pferde sich aber vom lieblichen Vogelgezwitscher überhaupt nicht stören lassen, ist eine exakte Bestimmung jeder Vogelart für meine Arbeit nicht notwendig. Ich möchte eher herausfinden, bei welchen Geräuschen die Koniks sonst noch vollkommen entspannt bleiben. Anschließend muss ich mich dann an diese Geräuschkulisse gewöhnen, sodass auch ich bei allen akustischen Reizen, die die Koniks als ungefährlich einstufen, cool bleibe. Nur so kann ich später ihr Vertrauen gewinnen. Deshalb darf ich ähnliche Geräusche nicht verwechseln. Die Koniks können genau unterscheiden, ob es sich bei einem Rascheln im hohen Gras um eine Amsel, eine Maus oder ein Wildschwein handelt. Ist ein Wildschwein in der Nähe, werden die Koniks schon mal nervös und laufen weg. Flattert dagegen eine Amsel kurz über dem Boden durchs Gebüsch, interessiert die Pferde das nicht. Und tatsächlich, obwohl unser Gehör anders geartet ist als das der Pferde, funktioniert eine Sensibi-

Auf der Aussichtsbrücke in der Mitte der Birk: freier Blick auf die Schlafplätze der Kormorane.

lisierung in weiten Bereichen. Sogar den Unterschied zwischen einer im Gebüsch laufenden Maus und einer Amsel können wir hören. Während die Maus nur auf dem Boden entlangtrippelt und immer wieder kurz stehen bleibt, schlägt die Amsel zwischendurch mit ihren Flügeln. Aber nicht nur Tiere machen Geräusche. Die Wellen der Ostsee verursachen ein Rauschen beim Auftreffen ans Ufer. Dieses Rauschen ist für gewöhnlich am Eichenkratt auf der Ostseite der Birk stärker als am Kleinen Gespensterwald auf der Westseite. Dafür erzeugen beim üblichen Westwind die verwundenen Äste im Gespensterwald wiederum einen lauteren Sound als die niedrigen Eichen am Kratt. Die Koniks können diese Geräusche verorten und nehmen bereits leichte Veränderungen war. Aus den einzelnen Geräuschen ergibt sich ein natürlicher Geräuschkatalog für die Koniks, der mir die Reaktionen der Pferde verdeutlicht. Dieser ist exakt auf ihren Lebensraum, die Geltinger Birk, abgestimmt. Bei Wildpferden in einem anderen Gebiet oder bei unseren Pferden zu Hause kann dieser Geräuschkatalog ganz anders aussehen.

„Der Geräuschkatalog der Koniks ist auf die Birk abgestimmt.“

Für alle Pferde sofort identifizierbar sind die Geräusche, die Pferde selbst erzeugen. Insgesamt sind Pferde aber sehr leise und vermeiden unnötige Töne. Trotzdem setzen sie zur Verständigung auch akustische Signale ein. Teilweise ähneln sie den Lauten anderer Tiere. So hört sich das Alarmschnaufen der Pferde fast genauso an wie das der Rehe.

Je nach Entfernung lösen bestimmte Geräusche eine Flucht aus. Hier war es eine Fahrradklingel vor der Nabuhütte.

DER GERÄUSCHKATALOG DER KONIKS

AUSLÖSER	KEINE BEACHTUNG	AUFMERK-SAMKEIT	RÜCKZUG	FLUCHT
Flugzeuge	X			
Drohnen			X	X
langsame Autos		X		
schnelle Autos			X	X
Autos mit Anhänger			X	
leise Wanderer	X	X		
laute Wanderer		X	X	
laute und schnelle Wanderer			X	X
Fahrradfahrer		X	X	X
Vogelgezwitscher	X			
auffliegende Wasservögel	X	X		
Stresslaut Rehe		X		
Wildschweine			X	X
quakende Kröten	X			
brüllende Rinder	X			
Trecker		X	X	X
Motorsägen			X	X
Blätter im Wind	X	X		
knackende Zweige am Boden		X	X	X
Brandung der Ostsee	X			
starker Wind im Schilf	X	X		

Anmerkung: Die Reaktion der Koniks verstärkt sich, je näher ein Geräusch ist und je plötzlicher es auftritt.

GERÄUSCHE EINORDNEN

Neben der Art eines Geräusches können die Koniks auch die Richtung und die Entfernung des Ursprungs exakt bestimmen. Außerdem hören sie genau, wie schnell sich ihnen die Geräuschquelle nähert. Dadurch reagieren sie auf viele Geräusche unterschiedlich. Ein Kleinflugzeug, das sich in großer Höhe langsam der Birk nähert, wird von ihnen überhaupt nicht beachtet, während eine plötzlich aufsteigende Drohne eine Flucht bei den Koniks auslöst. Das Gleiche gilt für Autos und auch für Menschen. Alle plötzlich und unerwartet auftretenden unnatürlichen Geräusche beunruhigen die Koniks. „Meine Pferde stört es überhaupt nicht, wenn ich mit dem Trecker über den Hof fahre", versucht mein Freund die Geräuschempfindlichkeit herunterzuspielen." Und tatsächlich sind Pferde da sehr verschieden. So sind die frei lebenden Exmoor-Ponys in Südengland daran gewöhnt, dass Autos durch ihren Lebensraum fahren und bleiben grasend am Straßenrand stehen, während die Koniks auf der Birk den Rückzug antreten, wenn ein Auto schneller als in Schrittgeschwindigkeit über den Deich fährt. Und die Garranos im Norden Portugals treten sogar schon die Flucht an, wenn man in einhundert Meter Entfernung den Reißverschluss vom Rucksack zu schnell öffnet. Deshalb habe ich für die verschiedenen Pferdepopulationen unterschiedliche Geräuschkataloge erstellt, so auch für die Koniks auf der Geltinger Birk.

Die unterschiedlichen Reaktionen der Pferde auf Geräusche sind ein Indiz dafür, dass in der auditiven Kommunikation ein Erfahrungslernen bei den Pferden möglich ist, welches wir uns im Umgang mit unseren Hauspferden zunutze machen können. Trotzdem kann ich jedem Pferdehalter nur wärmstens empfehlen, sich einfach einmal ruhig für ein paar Stunden in die Nähe seiner Pferde zu setzen und darauf zu achten, auf welche Geräusche sie wie reagieren. Ob es nun gut ist oder nicht, dass Pferde sich auch an künstliche und laute Geräusche gewöhnen, lasse ich mal dahingestellt, denn es gibt bestimmt Situationen für unsere Hauspferde, in denen es vorteilhaft ist, dass sie nicht schreckhaft zur Seite springen. In der Natur finde ich es aber respektlos unnötigen Lärm zu erzeugen. Zum Glück sind die meisten Besucher der Birk rücksichtsvoll und leise.

An das surrende Fluggeräusch der Kormorane haben sich die Koniks gewöhnt und lassen sich nicht stören.

Die Überschwemmungsbereiche riechen salzig. Strandfeeling mit einer leicht brackigen Note.

DER DUFT DER NATUR

Oh, wie schön, es riecht nach Meer. Eine feine salzige Brise strömt in meine Nase. Ein paar Meter weiter mischt sich frische Waldluft dazu. „Herrlich", freue ich mich, bevor der Geruch von abgestandenem Brackwasser mein Lächeln einfrieren lässt.

Intensive Gerüche nehmen wir schnell wahr und bei unangenehmen Düften rümpfen wir sofort die Nase. Feinere Differenzierungen sind für uns dagegen schwieriger. Das kann daran liegen, dass der Geruchssinn mit dem Geschmackssinn gekoppelt ist und unsere Sensibilität durch künstliche Zusatzstoffe in Lebensmitteln reduziert ist. Möchten wir also tiefer in die Geruchswelt der Pferde einsteigen, ist es von Vorteil, wenn wir uns entsprechend biologisch und gesund ernähren. Dann dauert es nicht lange und wir bekommen nicht nur einen besseren Geschmackssinn, sondern können auch den Eigengeruch von Pflanzen und Böden besser wahrnehmen. Die Böden sind die Grundlage für die verschiedenen Pflanzengesellschaften, wodurch das Erdreich gemeinsam mit der Vegetation eine eigene Duftnote kreiert. Diese fein abgestimmte Verbindung von Gerüchen ist quasi ein natürliches lokal gebundenes Parfüm. Dieser Duft vermischt sich wiederum teilweise mit den Gerüchen der Tiere, weshalb wir einige Tierarten in einen olfaktorischen Kontext mit ihrer Umgebung bringen können. Die Gänse bevorzugen die offenen Überschwemmungsflächen, womit sich ihr Geruch mit dem feuchten Schlick verbindet, während die strenge Duftnote des Schwarzwildes uns eher aus dem hohen Schilf oder Unterholz entgegenwabert. Die Koniks durchstreifen dagegen alle Vegetationszonen der Birk und nehmen daher auch alle Umgebungsgerüche auf. Um nach der Birk zu riechen, müssen sich die Pferde nicht im Schlamm suhlen, es genügt schon die Erde, die an ihren Hufen hängen bleibt, oder der Kontakt zu den Pflanzen beim Vorbeigehen. Und der Eigengeruch der Koniks? Der bleibt ganz automatisch am Boden ihres Wegenetzes haften. Verliert ein Pferd den Kontakt zu seiner Herde, orientiert es sich aber nicht an den Duftmarken, sondern sucht auf Sicht und nach Gehör. Dass sich Hengste bevorzugt an stark ausgetretenen Stellen wälzen, nachdem ihre Herde dort entlanggelaufen ist, gehört dagegen zum Markierverhalten. Die Hengste legen ihren Geruch über den ihrer Herde und nehmen gleichzeitig den Duft ihrer Gruppe auf.

Olko wälzt sich auf dem Pfad, auf dem zuvor seine Herde ging.

So übermitteln Pferde Botschaften über große Entfernungen.

PFERDEGERÜCHE

Jedes Pferd hat einen individuellen Eigengeruch. Dieser ist an der Achsel und an der Leiste am deutlichsten zu riechen. Die persönliche Note wird durch die aktuelle Hormonlage und momentane Emotionen ergänzt. Hunden wird ja gerne nachgesagt, dass sie Angst riechen können. Das können Pferde genauso gut und wir Menschen können das auch. Angstschweiß riecht unangenehm süßlich. Je stärker die Emotion ist, desto intensiver ist auch der Geruch. Es ist also aussichtslos, unsere Emotionen zu verstecken. Pferde erkennen unsere Stimmungslage immer. Außer wir übertünchen unseren Individualgeruch durch künstliche Düfte von Kosmetika oder Kleidung. Keine Sorge, wir brauchen trotzdem nicht nackt zu Pferden zu gehen, um mit ihnen auf natürliche Art und Weise zu kommunizieren. Wir sollten sie nur nicht durch dominante Düfte verunsichern.

BRIEFFREUNDSCHAFT

Die Kommunikation durch das Hinterlassen von Duftstoffen ist für die Koniks eine Art Brieffreundschaft. „Brieffreundschaft?", fragt mein Freund. „Ja genau, bei den Pferden hat bis heute weder die Digitalisierung noch das Gendern Einzug erhalten. Wir haben zu meiner Schulzeit per Hand einen Brief geschrieben, die Worte sorgsam ausgewählt, das Papier gefaltet, in einen Umschlag gesteckt, sind dann zur Post gegangen und haben dort eine Briefmarke gekauft, und ein paar Tage später kam der Brief beim Empfänger an. Auf die Antwort haben wir dann wieder tagelang gewartet, sind voller Erwartung zum Briefkasten gelaufen und haben uns gefreut, wenn wir Post hatten", beschreibe ich die damals gängige Kommunikationsform. „Bei einer Brieffreundin konnte es sogar passieren, dass der Brief mit ein paar Spritzern Parfüm versehen war", füge ich hinzu. Die dezente Duftnote auf einem Liebesbrief nehmen wir bestimmt angenehmer wahr als einen Haufen Pferdeäpfel, aber dennoch ist der Kommunikationsweg vergleichbar, was auch meinen Freund begeistert: „Wow, was für eine Parallele zur zeitversetzten geruchlichen Mitteilung der Koniks über größere Distanzen."

Olko flehmt, um den Zyklus einer Stute zu überprüfen.

BERECHENBAR

Ich habe für mich eine sehr praktische Lösung gefunden und ziehe einfach immer die gleichen Sachen bei den Koniks an. Natürlich wechsle ich meine T-Shirts und wasche auch meine Hosen von Zeit zu Zeit, aber nur mit einem sanften biologischen Waschmittel und nicht alles auf einmal. So bleibt immer etwas Geruch an meiner Kleidung und an den Gummistiefeln hängen. Mag sein, dass das etwas übertrieben ist, aber mir gibt es ein gutes Gefühl und außerdem verhindert der Kleidungswechsel, dass ich unbeabsichtigt von meinen Pferden zu Hause Krankheiten zu den Koniks einschleppe oder umgekehrt. Die Vorgehensweise erleichtert den Pferden nicht nur die olfaktorische Wahrnehmung, sondern sorgt auch dafür, dass ich die Koniks nicht durch wechselnde Gerüche verwirre.

„Und wie ist das mit dem Riechen der Emotionen?", möchte mein Freund noch wissen, „kann das, wenn du nicht in der richtigen Stimmungslage bist, denn nicht ein Problem werden und die Kontaktaufnahme erschweren?" Ich sehe das ganz gelassen: „Meine Grundstimmung ist durch das „Ankommen-Ritual" auf einem guten Level und meine Emotionen dürfen die Pferde gerne riechen. Keine Emotion würde sie so stark irritieren wie ein Geruch, den sie nicht zuordnen können. Wichtig ist die geruchliche Ehrlichkeit und Konstanz. Sie macht mich für die Pferde berechenbar."

„Unser Geruch darf Pferde nicht verwirren."

Pferde beriechen sich häufig an der Achsel und an der Leiste. Hier nimmt eine Altstute eine Geruchsprobe von ihrem erwachsenen Sohn.

Die jungen Pferde stoppen vor der überschwemmten Stelle und warten auf die erwachsenen Tiere.

EINE FRAGE DER SICHTWEISE

Einen großen Teil der Kommunikation der Pferde nimmt die Körpersprache ein. Deshalb ist ihre visuelle Wahrnehmung von entscheidender Bedeutung. Neben wissenschaftlichen Untersuchungen gibt uns das Verhalten der Pferde eindeutige Hinweise zu ihrem Sehvermögen.

„Als Reiter kennst du das Phänomen, dass ein Pferd bei einem Ausritt plötzlich scheut oder zumindest mal zögert“, steige ich in die visuelle Wahrnehmung der Pferde ein. „Es ist vollkommen normal, wenn ein Pferd etwas Ungewöhnliches bemerkt hat und dieses Objekt noch nicht sicher einordnen kann“, beruhige ich meinen Freund. Zur näheren Untersuchung kombinieren die Pferde ihre auditiven und olfaktorischen Fähigkeiten mit einer optischen Überprüfung. Dafür braucht ein Pferd mehr Zeit als ein Mensch. Nachdem es sein Blickfeld entsprechend ausgerichtet hat, dauert es ungefähr zehn Sekunden, bis ein Pferd den Bereich vor sich detailliert erkennt. Ist das Pferd sich dann immer noch nicht ganz sicher, ob das Objekt ungefährlich ist, ist es nur schwer zu überzeugen, weiterzugehen. „Pfiffige Reiter umgehen dieses Problem, indem sie in der Gruppe ausreiten und vor einer Brücke oder anderen für Pferde unheimlichen Stellen routinierte Pferde vorgehen lassen. Der Rest der Gruppe läuft dann meist gelassener hinterher“, beschreibe ich eine praxiserprobte Vorgehensweise. „Das kenne ich“, freut sich mein Freund und fragt, ob sich die Koniks ähnlich verhalten. „Im Prinzip machen die Koniks das genauso. Zwar müssen sie keine Brücken überqueren, aber die mit Meerwasser überschwemmten Bereiche lassen Jungtiere durchaus zögern. Sie kennen zwar die Wanderrouten ihrer Herde längst, aber da auf der Birk nur einmal pro Jahr ein kontrolliertes Hochwasser erzeugt wird, steht der Nachwuchs vor einer ihnen unbekannten Situation. Die Alttiere wissen dagegen aus Erfahrung, wie tief das Wasser ist und wo der Untergrund unproblematisch ist, und gehen dann voraus.“

Die älteren Koniks wissen aus Erfahrung, dass das Wasser nur flach ist.

„Pferde kombinieren ihre Sinneswahrnehmung und lassen sich von erfahrenen Tieren helfen."

Nachdem die erfahrenen Pferde vorangegangen sind, folgen die anderen Koniks zügig, aber ohne Aufregung, durchs Meerwasser.

ZEIGE DICH

Etwas Ähnliches können wir beobachten, wenn sich ein anderes Tier der Herde nähert. Auch das kann für die Jungtiere eine neue Erfahrung sein und sie vertrauen den erwachsenen Pferden. Da es sich jetzt um ein sich bewegendes Objekt handelt, müssen auch die Alttiere die Situation zunächst genauer einschätzen. Dafür bleiben sie, genauso wie vorher die Jungtiere am Wasser, zunächst stehen und fokussieren, unterstützt von ihrem Gehör, das unerkannte Wesen. Haben sie ein freies Sichtfeld und erkennen das fremde Tier und dessen friedliche Absicht, senken sie wieder ihren Kopf und grasen weiter.
Was die Koniks in ihrer Nähe überhaupt nicht mögen, sind größere Säugetiere, die sie nicht eindeutig identifizieren können. Deshalb bewege ich mich zwar ruhig, schleiche aber nicht durch die hohe Vegetation. Die Koniks sehen zwar auf Distanz und im seitlichen Blickfeld nur schemenhaft, aber ein sich schnell bewegender Schatten kann durchaus eine Flucht oder einen Rückzug auslösen, dass möchte ich in jedem Fall verhindern. Also achte ich darauf, dass ich gut sichtbar langsam weiter die Wege entlanggehe, denn die Koniks könnten bereits auf eine Entfernung von dreihundert Metern auf meine Silhouette reagieren. Damit verhalte ich mich in diesem Stadium teilweise konträr zu den Koniks, denn diese halten sich mitunter stundenlang gut getarnt im hohen Gras auf. Aus ihrer Sicht ist eine gute Tarnung natürlich sinnvoll, da Pferde ja Beutetiere sind. Dieses Verhalten kann ich allerdings erst viel später übernehmen, wenn ich Teil einer Herde geworden bin. Theoretisch könnte ich mich also im Moment sogar durch auffällige Farben noch besser für die Koniks sichtbar machen. Pferde können zwar nicht so viele Farben sehen wie wir Menschen, aber eine hellblaue Jacke würde sich für sie deutlicher von der Umgebung absetzen. Orangefarbene Warnwesten, wie sie Jäger und Förster häufig tragen, um sich gegenseitig besser zu sehen, können dagegen die meisten Wildtiere und auch Pferde nicht wahrnehmen. Aber ich denke ja sowieso schon einen Schritt weiter.

Selbst auf den großen freien Flächen sind die Koniks kaum zu sehen. Ihr Fell tarnt sie perfekt im hohen Gras.

Die meisten Koniks auf der Geltinger Birk sind Gelbfalben. Graufalben, Braune und Rappen sind seltener.

Später möchte ich ja möglichst gut angepasst an die Pferde in ihrer direkten Nähe sein. Deshalb bin ich auf der Birk meist in „Konikfarben“ unterwegs. Auch das ist wieder nur eine Kleinigkeit, aber in mir entsteht ein verbindendes Gefühl, wenn ich mich in dunklen Gummistiefeln und erdfarbener Kleidung auf den Weg zu ihnen begebe. Nur meinen Hut müsste ich eigentlich weglassen, aber wenn mir den ganzen Tag die Sonne auf den Kopf scheint und ich dazu noch ständig juckende Kriebelmücken im Haar habe, finde ich das auch nicht so toll. Außerdem kann ich durch Hoch- und Herunterklappen der Seitenteile simulieren, ob meine Ohren entspannt herunterhängen oder aufmerksam gespitzt sind. Allerdings muss ich gestehen, dass, obwohl das Ohrenspiel ein von Pferden sehr häufig eingesetztes visuelles Kommunikationsmittel ist, die Verständigung mit uns Menschen auch hervorragend mit unseren ständig angelegten Ohren funktioniert.

DIE FARBE DER KONIKS

Bei den Koniks können wir die Verwandtschaft zu den Zebras noch an der Fellfärbung erkennen. Bei fast allen Koniks auf der Geltinger Birk sind an den Beinen die Zebrastreifen sichtbar. Farblich etwas stärker abgesetzt ist der dunkle Aalstrich auf dem Rücken und das Langhaar. In Kombination mit dem Fell verschmelzen die kleinen Urpferde so mit der Landschaft. Die Mausfalben dominieren, aber auch hellere und dunklere Typen sind auf der Birk zu sehen. Die Farbnuancen reichen vom Gelbfalben über Rotfalben bis hin zu Graufalben, und auch Braune und Rappen kommen vor. Fast alle Fohlen werden mit einem hellen Fellkleid geboren und zeigen erst im ersten Fellwechsel ihre endgültige Farbe. Auch die erwachsenen Koniks sind im Winter etwas heller als im Sommer. Diese Anpassung an die Jahreszeiten ist bei vielen Tierarten typisch, um sich besser tarnen zu können.

01

DA SEIN
— *und beobachten*

Halten wir uns an die natürliche Fluchtdistanz der Pferde, verhalten uns ruhig und sind berechenbar, akzeptieren sie unsere Anwesenheit. Dabei gehen sie ungestört ihrer Beschäftigung weiter nach, und wir nehmen die Rolle als unbeteiligter Beobachter ein.

Je mehr Zeit wir in dieser Beziehungsebene verbringen, desto besser. Wir können die Zeit hervorragend nutzen, um ein Gefühl für das Umfeld der Pferde zu bekommen. Außerdem können wir sie aus der Ferne ausgiebig beobachten. Dadurch lernen wir die an die Umgebung geknüpften Verhaltensbesonderheiten kennen. Bei den Koniks auf der Geltinger Birk erkennen wir, dass die Herden einen engen Kontakt zueinander pflegen. Das ist zum Teil aufgrund des offenen und flachen Geländes der Fall, aber auch weil die Koniks grundsätzlich eine sehr gesellige Pferderasse sind. Das haben sie mit den Przewalski-Pferden gemeinsam. Bei anderen Urpferderassen, wie den Garranos, ist das Gegenteil der Fall. Ihre Herden haben seltener Kontakt miteinander und leben zurückgezogener. Durch die Beobachtungen wissen wir nun, wie sensibel die Koniks auf bestimmte Geräusche und Bewegungen reagieren. Eine lange Anwesenheit gibt uns zusätzliche Erkenntnisse über das Herdenverhalten bei unterschiedlichem Wetter. Sonne, Regen und Wind nehmen Einfluss auf das Pferdeverhalten und Hand aufs Herz: auch auf unsere Stimmung, oder? Ein aufziehendes Gewitter oder dichter Nebel sind bestimmt nicht ideal, um sich den Koniks zu nähern. Scheint die Sonne und weht nur ein laues Lüftchen, sind die Grundvoraussetzungen, um in die nächste Beziehungsebene zu wechseln, viel besser.

02

01 *Das Wetter kann an der Küste schnell umschlagen. Gewitter im Anmarsch. Nicht der richtige Zeitpunkt, um sich das erste Mal den Koniks zu nähern.*

02 *Die Niederungen der Birk sind im Frühjahr und Herbst morgens häufig in Nebel gehüllt. Die Koniks sind bei schlechter Sicht sehr wachsam und achten vermehrt auf ungewöhnliche Geräusche, was eine Annäherung erschwert.*

IN TOUCH

— *Kontakt aufnehmen*

Für Pferde ist die Geburt der häufigste Weg in eine Herde.

EINE HERDE FINDEN

Natürlich gewachsene Herden können sehr verschieden sein. Sie unterscheiden sich nicht nur aufgrund der Anzahl ihrer Tiere, sondern auch durch ihre Zusammensetzung. Neben den Geschlechtern sorgt auch eine gemischte Altersstruktur für die nötige Diversität.

Dass der Mensch bei der Herdenbildung der Koniks nicht eingreift, ist gut. Das Ergebnis sind sehr friedliche Herden, die die Grundlage für ein langes und gesundes Pferdeleben sind. Noch nie habe ich gesehen, dass ein Konik mit den Hinterbeinen nach einem anderen aus seiner eigenen Herde ausschlagen hat. Diese Harmonie entsteht allerdings nicht zufällig. Nur Pferde, die in die Herde passen und sich reibungslos einfügen, werden aufgenommen oder dürfen bleiben. Die größte Herde auf der Geltinger Birk hatte lange Zeit der silbergraue Hengst Olko. Zu seiner Gruppe gehörten in den Jahren von 2013 bis 2016 insgesamt achtunddreißig Tiere. Vier Jahre später war Olkos Herde allerdings auf neun Koniks geschrumpft. Sie war damit aber trotzdem nicht die kleinste Herde auf der Birk. Zu diesem Zeitpunkt bildete der Junghengst Theo zusammen mit einer Stute und ihrem Fohlen, also zwei erwachsenen Pferden, die kleinste Herde, die es in der Natur gibt. Die Größe und Struktur von Herden unterliegen also einer gewissen Dynamik, wobei der Kern einer Herde über viele Jahre sehr stabil ist. Für uns als Mensch ist es ein großer Vorteil, dass

Pferde in der Natur ihre Herde wechseln, denn genau das soll unsere Eintrittskarte in eine Pferdegruppe sein. Mich unbemerkt unter eine Herde zu mischen, funktioniert allerdings auf keinen Fall. Die Herde ist das Zuhause der Pferde und dadurch ein besonders geschützter Raum, welcher die Pferde wie eine Sicherheitsblase umgibt. Sie folgt der Herde, variiert in ihrer Größe je nach Umgebung und momentaner Beschäftigung der Pferde. Ich muss also zunächst eine Gruppe auswählen und dann einen Weg finden, um in ihr mobiles Territorium hineinzudürfen.

„Die Herde ist ein besonders geschützter Bereich für Pferde. Je nach Familie erfolgt eine angepasste Kontaktaufnahme."

EINE HERDE AUSWÄHLEN

Aufgrund der Herdenstruktur gibt es Gruppen, denen ich mich leichter annähern kann und welche, bei denen es schwieriger ist. Trotzdem ist es grundsätzlich möglich, sich jeder Herde anzuschließen. Es ist manchmal nur eine Frage der Zeit.
„Suchst du dir eine in sich geschlossene Herde aus, dauert es im schlechtesten Fall so lange, bis wieder ein Platz in der Gruppe frei wird", erkläre ich meinem Freund. In der Natur wird allerdings ein freier Platz vorzugsweise durch die eigenen Fohlen wieder aufgefüllt, und so gibt es Herden, die nur sehr selten ein neues Pferd aufnehmen. Die Herde von Karl, dem ältesten Hengst auf der Birk, ist eine solche Gruppe. In den letzten zehn Jahren hat er nur ein einziges neues Pferd in seine Herde eingeladen. Ob eine Herde offen für Neuzugänge ist, bedarf also einer detaillierten Beobachtung.
„Sind solche Herden, in denen die Pferde besonders dicht zusammenstehen, in sich geschlossenen Gruppen?", kombiniert mein Freund.
„Nein, wie eng die Pferde einer Herde zusammenstehen, hat nichts damit zu tun, ob noch ein weiteres Pferd aufgenommen wird. So kann man die Herde des achtjährigen Hengstes Michel schon von Weitem daran erkennen, dass die Pferde dichter zusammenbleiben als die der anderen Gruppen, und trotzdem ist sie offen für neue Mitglieder", antworte ich.

Auch eng zusammenstehende Herden nehmen neue Pferde auf.

JUNGGESELLENGRUPPEN

Ich sehe, wie skeptisch mein Freund guckt bei der Aussicht, sich Zutritt zu einer möglicherweise in sich geschlossenen Herde mit Hengsten, Stuten und Fohlen zu verschaffen, und kurz darauf eine gute Idee vorträgt: „Wäre es nicht einfacher, sich einer Herde ohne Stuten anzuschließen?"
Ich nicke: „Ja, im Fachjargon sprechen wir dann von Junggesellengruppen. Sie bestehen, wie der Name uns schon verrät, aus jungen Hengsten. Diese Gruppen sind sehr dynamisch und kontaktfreudig. Die Neugierde und Aktivität, die von den Junghengsten ausgeht, macht es uns sehr einfach, sich ihnen anzuschließen." Das gilt nicht nur für uns, sondern auch für andere Junghengste. Daher ist es auch selten, dass wir in der Natur auf solitäre Pferde treffen. Ein einzelnes Pferd ist im Normalfall entweder auf dem Weg zu einer Herde oder die anderen Tiere sind aufgrund der Vegetation nicht zu sehen.

HERDE IN GRÜNDUNG

Befindet sich eine Herde in der Gründungsphase, ist es ähnlich wie bei einer jungen Firma, einem Start-up. Es kann sein, dass das junge Team gerade Verstärkung sucht, es ist aber auch möglich, dass die noch unerfahrenen Gründer erst mal genug damit zu tun haben, sich zu organisieren und mit weiteren Zugängen überfordert wären. Bei jungen Pferdeherden ist es meist so, dass sie bis zu einer Anzahl von vier bis sechs Tieren ohne Zögern bereit sind, neue Tiere aufzunehmen. Dabei spielt es kaum eine Rolle, ob es sich um weitere Stuten oder Hengste handelt. Ganz im Gegenteil, besonders junge Hengste wechseln gerne in sich neu bildende Herden und sind dort willkommen, denn oft ist der junge Herdenhengst mit zu vielen Stuten überfordert und scheint froh über männliche Unterstützung zu sein. Dass Hengste bei der Herdengründung auf Stuten fixiert sind oder Angst davor haben, sie zu verlieren, ist also nicht der Fall.

Ein Junghengst kann entweder in eine Junghengstgruppe oder in eine im Aufbau befindliche Herde wechseln …

... oder sich einer großen Herde mit mehreren Hengsten anschließen.

SYMPATHIE

Habe ich, wie auf der Birk, die Auswahl zwischen verschiedenen Herden, kann ich mir die Gruppe aussuchen, die mir persönlich am besten liegt. Das ist nichts Verwerfliches. Auch ein Pferd, das sich einer anderen Herde anschließen möchte, taxiert vorher, ob es sich in dieser Herde wohlfühlen wird. Sind wir emphatisch, können wir uns auf unser Bauchgefühl verlassen. Das stimmt fast immer.
Genauso können wir bei der Auswahl aber auch rational vorgehen oder beide Herangehensweisen miteinander kombinieren. Das habe ich zu Beginn so gemacht. Die Junggesellengruppe fiel für mich raus, weil sie mir zu unruhig war. Außerdem hielt sie sehr großen Abstand zu den anderen Herden, und ohne Stuten und Fohlen schien sie mir zu langweilig. Zu inaktiv ist mir lange Zeit auch die ruhige Herde von Michel gewesen, der zu Beginn meiner Beobachtungen allerdings noch gar nicht geboren war. Genauso gab es die Herde von Gimli zu dieser Zeit noch nicht. Gimli war noch ein verspieltes Fohlen. Zu der Herde von Karl habe ich erst sehr viel später Zugang gefunden. Das fand ich eigentlich sehr schade, denn ich mochte ihn von Anfang an sehr. Aber das beruhte wohl zumindest damals noch nicht auf Gegenseitigkeit. Für mich war daher schnell klar, dass die Herde von Olko am besten für mich passt. Eine große, bunt gemischte Herde mit mehreren Hengsten, die sehr aktiv ist, oft die Nähe der anderen Herden sucht, aber nicht so überschäumend vor Energie ist wie eine Junggesellengruppe. Außerdem war Olko aufgrund seiner Größe, Farbe und seines Verhaltens immer sehr auffällig. Das gefiel mir.
„Das ist ja fast so wie bei einem Pferdekauf", zieht mein Freund einen passenden Vergleich.
„Ja, genau. Ohne gegenseitige Sympathie geht es nicht. Trotzdem wäre es falsch gewesen, sich jetzt nur auf die Herde von Olko zu konzentrieren, denn alle Herden gehören zusammen und bilden einen Herdenverband. Weshalb ich Pferdehalter immer dazu ermuntere, auch den Tieren anderer Besitzer Aufmerksamkeit zu schenken."

Haben Pferde viel Platz, wird noch deutlicher, wie eng die Beziehungen zwischen den Pferden einer Herde sind.

VERBUNDENHEIT FÜHLEN

Selbst aus der Ferne betrachtet wird mir schnell klar, wie innig die Beziehungen innerhalb einer Herde sind. Die Pferde leben das ganze Jahr rund um die Uhr zusammen. Die permanente Nähe und der ständige Aufenthalt in ihrem Lebensraum schweißt die Tiere zusammen.

Obwohl ich noch nicht wirklich in ihrer Nähe bin, kann ich trotzdem schon an einem Beziehungsaufbau arbeiten. Eine lange Verweildauer in ihrem Lebensraum, zeigt den Koniks, dass die Birk auch mein Zuhause ist und der ständige Aufenthalt in ihrer Sichtweite signalisiert ihnen meinen Wunsch nach Anschluss. An diesen beiden für Pferde so wichtigen Säulen einer Beziehung kann ich die nächsten Tage nun recht einfach arbeiten.

„Die nächsten Tage?", fragt mein Freund mich. Wie lange meinst du, soll ich warten, bis ich zu meinen Pferden gehen kann? Ich wollte eigentlich jeden Tag zu meinen Pferden," fügt er hinzu. „Wenn alles gut läuft und ich alles richtig mache, geht es schnell und es dauert nur eine knappe Woche, bis der erste direkte Kontakt zustande kommt", antworte ich grinsend und ergänze nach einer kleinen Pause: „Es hat aber bei einer Herde auch schon einmal über ein Jahr gedauert, das war allerdings nicht auf der Geltinger Birk."

Anstatt Erleichterung im Gesicht meines Freundes zu sehen, so wie ich es erwartet hatte, macht sich aber eher Entsetzen breit. Es war also eine tiefergehende Erklärung nötig, die den Zeitfaktor nachvollziehbar macht. Was wir als Mensch simulieren, wenn wir von einer Herde aufgenommen werden wollen ist ein Herdenwechsel. Dabei haben wir zunächst noch den zusätzlichen Nachteil auszugleichen, dass wir nicht einmal zu ihrem Herdenverband gehören, weshalb wir mehr Zeit brauchen als Pferde. Und selbst unter Pferden kann sich der Wechsel zu

Immer in der Nähe bleiben, aber den Abstand wahren.

einer anderen Herde über mehrere Monate hinziehen und dass, obwohl sie weder ihren Lebensraum noch ihren Herdenverband verlassen.
Ein Hauspferd hat, wenn es in einen neuen Stall kommt, übrigens das gleiche Problem, denn nicht nur seine Umgebung ändert sich, sondern auch die anderen Pferde sind vollkommen neu. Viele Pferdehalter haben mir erzählt, dass es meist ein Jahr dauert, bis ein Pferd richtig angekommen ist. Ich kann diese Beobachtungen von unseren Tieren zu Hause nur bestätigen und kann ergänzen, dass es je nach Vorgeschichte auch noch viel länger dauern kann. Manche Tiere zeigen erst nach zwei bis drei Jahren ihr wahres Gesicht, das ist der Zeitpunkt, an dem sie wirklich angekommen sind.

RICHTIG ANKOMMEN

Dieses Stadium des Ankommens möchte ich erreichen, bevor ich die Distanz zu den Pferden verringere. Ich möchte in jedem Fall mein wahres Ich zeigen und mich in der Umgebung sicher- und wohlfühlen. Ein Schimmer von Hoffnung zeigt sich im Gesicht meines Freundes. „Bei mir zu Hause fühle ich mich wohl und ich kenne jeden Strauch persönlich. Die meisten habe ich ja sogar selbst gepflanzt. Da brauche ich also nicht so lange zu warten, oder?“, sprudelt es erleichtert aus ihm heraus. „Ja, richtig“, antworte ich kurz. „Aber wenn du ein neues Pferd bekommst, musst du ihm wiederum die Zeit geben anzukommen und solltest es nicht gleich überfallen.“ Mein Freund nickt verständnisvoll. „Wie verhält sich ein Pferd, das in eine neue Herde wechseln möchte?“, fragt mich mein Freund. „Das lässt sich so pauschal nicht beantworten“, erwidere ich. „Es macht einen großen Unterschied, wie alt das Pferd ist, und ob es sich um einen Hengst oder eine Stute handelt.“ Ich wollte gerade meine Ausführungen fortsetzen, als mein Freund mir ins Wort fällt: „Klar, dass wir beide einen Hengst imitieren“, prustet er mit großen Augen und ergänzt noch schnell: „Den Leithengst!“
Ich hole einmal tief Luft und denke, das musste jetzt ja kommen, und überlege, wie ich das Dogma von der Leittiertheorie aus den Köpfen der Menschen löschen könnte. Ich mache meinem Freund folgenden Vorschlag: „Was hältst du davon, wenn wir als Junghengst beginnen und uns

Der Herdenverband ist wie eine Großfamilie. Auf der Birk besteht er aus fünf Herden, die sich klar voneinander abgrenzen.

dann Stück für Stück hocharbeiten?", wohl wissend, dass die Position eines Leithengstes für den Umgang und die Kommunikation mit unseren Hauspferden kaum eine Rolle spielt.

EINE STUTE IMITIEREN

Uns Männern liegt der Gedanke, das Verhalten einer Stute zu imitieren, eher fern. Bei Frauen kann aber genau das Gegenteil der Fall sein. Warum empfehle ich trotzdem auch Frauen, sich grundsätzlich am Verhalten der Hengste zu orientieren? Dieser Ansatz hängt damit zusammen, sich für später mehr Optionen freizuhalten. Hengste haben mehr Sozialkontakte, entfernen sich häufiger, länger und weiter von ihrer Herde und übernehmen in Gefahrensituationen die Führung und damit das Lenken der Pferde. Dafür haben sie mit wenigen Ausnahmen einen nicht so engen Kontakt zu den Stuten. Stuten untereinander pflegen engere Freundschaften und kommunizieren noch feiner und unauffälliger. Wenn du keinen Hengst hast, kannst du die Beziehung auch auf Basis einer Freundschaft unter Stuten aufbauen. Nur solltest du dann wirklich sehr viel Zeit mit deinen Pferden verbringen und dich ausschließlich in einer pferdesicheren Umgebung aufhalten. Die Vorgehensweise ist bis zur dritten Beziehungsebene identisch. Als „Stute" bleibst du dann als Teil der Herde in dieser Beziehungsebene. Männer können diesen Weg übrigens genauso wählen. Eine Sache müssen wir dabei allerdings noch bedenken: In jeder Herde übernimmt ein Pferd die Aufgaben des Hengstes. Lebt in einer Gruppe kein Hengst und wir nehmen diese Rolle nicht ein, wird ein Pferd sie ausfüllen. Das kann ein Wallach oder auch eine selbstbewusste Stute sein. Ein Problem ist das nicht, wir müssen nur unsere Kommunikation darauf abstimmen und beständig bleiben. Trotzdem ist meine Empfehlung an alle Leserinnen: Hengste und auch Männer können sehr einfühlsam sein und es lohnt sich, einen Schritt in unsere Welt zu gehen. Ich selbst habe beide Wege ausprobiert und finde den „Hengstweg", bei dem uns später mehr Möglichkeiten für den Umgang mit unseren Hauspferden offenstehen,

„Wir müssen uns entscheiden, ob wir das Verhalten und die Signale einer Stute oder eines Hengstes übernehmen wollen."

passender. Bei Wildpferden bleibe ich meist in der dritten Beziehungsebene, weshalb es für meine Arbeit als Tierfilmer nicht relevant ist. Bei meinen Pferden zu Hause dagegen schon, warum ich einfachheitshalber immer das Verhalten und die Signale eines Hengstes übernehme.

JUNGTIERE

Die jungen Hengste haben in der Natur ein ziemlich lockeres Leben. Sie haben bereits die Grundregeln des Herdenlebens verinnerlicht, aber brauchen noch keine Aufgaben übernehmen. Olko, der Althengst meiner favorisierten Herde, jagt so schnell keinen Nachwuchs weg. Zeitweise lebten in seiner Herde vier bis fünf Nachwuchshengste. Was Olko unterbunden hat, war eine aktive Kontaktaufnahme von seinen Nachwuchshengsten zu den Althengsten der anderen Herden. Teile der Herde zusammentreiben durften die jungen Hengste dagegen schon recht früh. Teilweise ermunterte er die Junghengste sogar dazu und unterstützte sie dabei. Auch durften sie später Stuten decken, allerdings nicht die Altstuten der Herde. Das Leben der jungen Stuten ist, solange sie kein eigenes Fohlen haben, ähnlich locker. Auch sie müssen noch keine Aufgaben in der Herde übernehmen und können ungestört erwachsen werden. Ihr Übergang ins Erwachsenenalter passiert dann mit der Geburt ihres ersten Fohlens allerdings ziemlich abrupt. Dass eine Stute bereits dreijährig Mutter wird, ist nicht ungewöhnlich.

Von diesem Zeitpunkt an bestimmt ihre Aufgabe als Mutterstute ihr Leben. Ein anstrengender Fulltime-Job, bei dem nicht viel Zeit für anderes bleibt, weshalb sich ihre engen Sozialkontakte vor allem auf ihr Fohlen, ihre eigene Mutter, auf ihre Halbschwestern und später auch auf ihren erwachsen gewordenen Nachwuchs beschränken. Diese wenigen Kontakte sind dann aber sehr innig und zeichnen sich durch Ruhe und körperliche Nähe aus. Die jungen Hengste wachsen dagegen in andere Aufgaben hinein. Aufgaben, die eine höhere Kontaktdichte aufweisen und mehr Aktivität erfordern. Egal ob wir nun den Weg eines Hengstes oder den einer Stute in eine Herde beschreiten wollen, auf jeden Fall sollten wir den eines Jungtieres gehen. So haben wir automatisch die Möglichkeit, von den Pferden zu lernen und können Stück für Stück in die Gemeinschaft hineinwachsen.

Junge Stuten sind mit ihren mütterlichen Aufgaben beschäftigt.

Wir brauchen die Pferde nicht eins zu eins nachäffen. Wir brauchen uns nur an den Rhythmus und die Tätigkeit halten.

SYNCHRON WERDEN

Das Geheimnis beim Synchron-Werden ist, das Gleiche zu tun und trotzdem seine eigene Persönlichkeit nicht aufzugeben. Das funktioniert am besten, wenn wir nicht ein einzelnes Pferd, sondern eine ganze Herde in ihrem Verhalten spiegeln.

Behalten wir die gesamte Herde im Blick, bemerken wir, dass nicht alle Pferde immer das Gleiche tun. Die größte Abweichung im Verhalten zeigt der Herdenhengst. Während die Stuten und der Nachwuchs sich beim Grasen nur langsam fortbewegen und die meiste Zeit ihre Köpfe am Boden haben, ist Olko viel mehr in Bewegung. Nicht, dass er ständig von Stute zu Stute läuft oder seine Herde zusammentreibt, nein, er ist einfach aktiver, frisst weniger und wechselt häufiger seinen Standort.

Mein Freund überlegt einen Moment und bemerkt halb fragend: „Dann spiegle ich also am Anfang noch nicht den Hengst, sondern die Stuten oder den Nachwuchs…“ Ich nicke. „Ja, genau. Die Stuten und die zweijährigen Hengste verhalten sich zeitweise sehr ähnlich.“ Bevor ich weiter in die Feinheiten einsteigen kann, bohrt er nach: „Was würde denn passieren, wenn ich Olko spiegeln würde? Hast du das schon einmal ausprobiert?“ Ich bin begeistert, mein Freund fing an, sich Gedanken darüber zu machen, welche Auswirkungen seine Körpersprache hätte, wenn er in der Nähe einer wild lebenden Herde wäre. „Ja, ich habe es einmal aus Versehen gemacht. Das war sogar schon eine Beziehungsebene weiter. Ich war also bereits Teil seiner Herde. Ich wollte damals unbedingt ein besonders schönes Porträtfoto von Olko machen und verfolgte ihn sozusagen mit der Kamera. Nach einer halben Stunde war er so genervt, dass er mit gesenktem Kopf auf mich losschoss. Das war nicht lustig. Zum Glück machte ich instinktiv einen Schritt rückwärts und Olko stoppte daraufhin seine Scheinattacke.“

„Ein Hengst kommt auf dich zu und du machst einen Schritt rückwärts? Ich habe im Umgang mit Hengsten etwas anderes gelernt. Niemals weichen, sondern immer Stärke zeigen“, schildert mein Freund die typischen Ratschläge. Mir ist diese Praxis natürlich bekannt. Viele Ausbildungsmethoden von Pferden basieren auf dem Prinzip, dass der Mensch niemals nachgibt und seinen Kommandos stets Folge zu leisten ist. „Was hältst du von folgendem Deal: Vergiss erst einmal alles, was du über den Umgang mit Pferden gelernt hast und warte, bis wir über alles gesprochen haben. Viele deiner Einwände werden sich dann in Luft aufgelöst haben.“ Ich will der Frage nicht ausweichen, aber einerseits wäre die Beantwortung zu komplex und außerdem ist es wichtig, dass wir ein solides Grundvertrauen haben.

„Vielleicht nur als Hinweis. Ist Olko mal zu aufdringlich zu einer Stute, jagt auch diese ihn weg und er weicht zurück. Ein Ausweichen muss also kein Zeichen von Schwäche sein, sondern kann auch eine Form von Respekt, Höflichkeit oder sogar eine Entschuldigung sein.“ In der menschlichen Kommunikation ist das nicht anders. Kommen wir einer anderen Person zu nah und merken, dass sie sich unwohl dabei fühlt, machen wir genauso einen Rückzieher und hauchen dazu vielleicht noch leise: „Sorry.“

„Die Beziehung zwischen Pferden basiert nicht auf Dominanz, sondern auf gegenseitigem Vertrauen.“

Beim Filmen vom Stativ bewege ich mich automatisch im gleichen Rhythmus wie die Koniks beim Grasen.

DIE FRESSPHASE

Fressen ist die Hauptbeschäftigung der Pferde. Stundenlang stecken sie ihre Köpfe ins hohe Gras, rupfen ein paar Halme ab und zerkauen diese genüsslich. „Ernsthaft? Muss ich jetzt Veganer werden, mich auf die Pferdekoppel setzen und einen Löwenzahnsalat essen?“, scherzt mein Freund. „Keine schlechte Idee. Meine Frau gibt dir gerne ein paar Rezepte für Wildsalate. Das solltest du auf jeden Fall mal ausprobieren. Aber für unseren Beziehungsaufbau zu Pferden ist das egal.“
Mein Freund guckt etwas verdutzt: „Aber das ist doch das, was Pferde machen!“ „Grasende Pferde sind vor allem immer in Bewegung“, antworte ich, „es geht für uns darum, ihren Rhythmus zu finden. Bei den Koniks übernehme ich ihn automatisch beim Filmen. Ich nehme den Kopf runter, um durch den Sucher zu schauen, mache meine Aufnahme und schaue dann wieder hoch. Eine Weile später gehe ich dann mit dem Stativ an eine andere Stelle und beginne mit der Prozedur von vorne.“

Filme ich dabei jedes Mal ein anderes Pferd, merke ich automatisch, dass jedes Tier seinen eigenen Rhythmus hat. Zwar sind es nur feine Unterschiede, aber ein Pferd verharrt länger an einer Stelle, ein anderes hebt häufiger den Kopf, einige grasen dichter nebeneinander und andere halten mehr Abstand. Daher ist es vollkommen in Ordnung, wenn auch ich meinen individuellen Rhythmus finde. Nur der Grundtenor muss stimmen: eine leichte Vorwärtsbewegung mit kleinen Pausen und Fokussierung auf den Boden. „Aber Tierfilmer möchte ich auch nicht werden, dann schon lieber Veganer“, stichelt mein Freund weiter. „Du kannst das bleiben, was du bist: Stallbursche!“, kontere ich. „Nein, im Ernst, es geht um das Bewegungsmuster. Das kannst du einfach so nachmachen oder auch, wenn du die Koppel abäppelst. Mache das einfach etwas langsamer. Nimmst du einen Haufen auf, guckst du ja zum Boden. Dann schaust du wieder hoch und fährst mit der Schubkarre ein kleines Stück weiter. So kannst du die ganz normale Stallarbeit in den Beziehungsaufbau integrieren.“

DIE RUHEPHASE

Sich während der Ruhephase synchron mit der Herde zu verhalten, fällt den meisten Menschen noch schwerer. Einfach auf der Stelle stehen und nichts zu tun, ist für uns ungewohnt. Chillen im Stehen kennen wir nicht, während Pferde es stundenlang machen und dabei sogar richtig schlafen. Dass die Koniks dabei nicht umkippen, liegt daran, dass sie ihre Kniescheibe über ihren Oberschenkelknochen schieben können und ihn dort einhaken. Dadurch blockieren sie ihr Kniegelenk und stabilisieren über die Sehnen ihr Sprunggelenk. Das andere Hinterbein wird zum Entlasten mit der Hufspitze aufgestellt. Alle paar Minuten wechseln sie ihr Standbein. Diese entspannte Parkposition können wir so nicht einnehmen, weshalb das Ruhen im Stehen für uns Menschen eher anstrengend als erholsam ist. Das geht natürlich gar nicht, denn ich will ja synchron mit den Pferden werden.
Ein kleiner Trick hilft mir dabei, die Ruhephase zu genießen. Steht in meiner Nähe ein Baum, gehe ich schon zu Beginn der Ruhephase langsam in seine Nähe und lehne mich an. Das macht es für mich bequemer. Ansonsten bleibt mir nur der Weg zum Boden, was ich spätestens, sobald sich das erste Pferd hinlegt, auch mache. Meist bleibe ich tagsüber in einer Ruhephase aber sitzen und lege mich nicht ganz hin. „Ein Liegestuhl wäre die ideale Lösung", schlägt mein Freund vor. Ich lache: „Ja, du hast recht. Das kannst du wunderbar machen, wenn du mit deinen Pferden zu Hause chillen möchtest. Du kannst dich, wenn deine Pferde hinterm Haus anfangen zu ruhen, einfach in einen Liegestuhl im Garten legen. Beenden deine Pferde die Ruhephase, solltest du aber auch wieder aufstehen."
Auf der Birk ist ein Liegestuhl natürlich keine Option für mich. Aber ich gebe zu, dass ich zur Not eine wasserdichte Unterlage dabeihabe, oder eine Regenhose anziehe, damit ich, wenn es sehr nass ist, nicht durchweiche.

Ein Baum als natürliche Stütze.

Auch bei meinen Mittagsschläfchen bin ich für die Koniks gut sichtbar.

Wir müssen die Signale der Pferde erwidern und dann abwarten.

Die Stute zeigt, dass sie mich gesehen hat …

ÜBER DEN ZAUN GUCKEN

Es ist wichtig, die imaginären Grenzen der Pferde zu respektieren. Sie sind zwar nicht so sichtbar und stationär wie ein Gartenzaun vor unserem Haus, aber dienen dem gleichen Zweck und markieren ihren privaten Bereich, der nicht von jedem betreten werden darf.

Würde ich heimlich über ihren unsichtbaren Zaun steigen und mich zwischen die Pferde schleichen, würde ich mich verhalten wie ein Einbrecher. Und wie wird ein Einbrecher empfangen? Bei uns zu Hause wäre unser Cane Corso Jael das Empfangskomitee. Ich sage mal so: Für Fremde nicht wirklich angenehm. Und auch die Koniks haben „Wachhunde", die sich um ungebetene Gäste kümmern. Die Herde ist ja das Zuhause der Pferde und dadurch ein besonders geschützter Raum. Ihre Grundstücksgrenze wandert mit der Herde und variiert je nach Umgebung und momentaner Beschäftigung. Ich muss also genau taxieren, wo ihre augenblickliche Sicherheitsgrenze verläuft, und sollte diese nicht ohne Erlaubnis übertreten.

Unser derzeitiges Beziehungsverhältnis ist vergleichbar mit dem ersten Kontakt zu einem neu eingezogenen Nachbarn. Wir haben uns schon einmal aus der Ferne gesehen und wissen, dass wir beide in der gleichen Straße wohnen, aber miteinander gesprochen haben wir bisher noch nicht. Gehe ich jetzt die Straße entlang und komme an seinem Haus vorbei, bleibe vielleicht mal

... anschließend nimmt sie den Kopf herunter und grast weiter in meine Richtung. Dann kann ich mich annähern.

kurz stehen, gucke über den Gartenzaun, winke in seine Richtung und rufe kurz: „Moin!“ Das Gleiche mache ich bei Pferden, nur spare ich mir das Winken und das Rufen. Eine Handbewegung oder ein akustisches Signal würde die Pferde verunsichern.

Bis hierhin hatte ich das Gefühl, mein Freund kann mir folgen und findet den Vergleich gut nachvollziehbar, aber jetzt runzelt er die Stirn und interveniert: „Aber Pferde wiehern doch zur Begrüßung, warum soll ich das denn nicht auch machen?“ Mein Freund hat dabei ein wichtiges Detail nicht bemerkt und das wird wohl vielen so gehen, die Pferdeverhalten und Kommunikation nur von unseren Hauspferden kennen. „Im schlechtesten Fall ist das Wiehern eines Pferdes, wenn ein Mensch in den Stall kommt, nur Erregung in der Erwartung von Futter. Im besten Fall ist es ein Rufen, wie es eine Stute macht, die ihr Fohlen zu sich holen will“, antwortete ich sachlich. Ich bin zwar ein Freund

„Wir müssen ein Gefühl für die unsichtbaren Grenzen der Pferde entwickeln.“

von stimmlichen Signalen, aber sie sollten genauso überlegt, gut getimt und dosiert eingesetzt werden wie die Körpersprache. Stimmsignale nutzen Pferde größtenteils innerhalb ihrer Herde, und noch gehöre ich ja nicht dazu. „Ein auditives Signal nach außen ist in den meisten Fällen ein Alarmschnaufen als Warnung für eine bevorstehende Begegnung“, ergänze ich ernst. Zu diesem Zeitpunkt ist es also wichtig, nichts zu sagen. Später, wenn wir Teil der Herde sind, können und sollten wir dagegen auch Stimmsignale verwenden. Jetzt konzentriere ich mich vor allem auf die Einhaltung der Sicherheitszone.

Einfach stehen bleiben und den Pferden die Entscheidung überlassen, ob sie näher kommen möchten.

IN ZUGRICHTUNG STELLEN

Dass die Pferde ihre Grundstücksgrenze immer mitnehmen, bietet uns mehrere Möglichkeiten der weiteren Annäherung. Am wenigsten falsch machen können wir, wenn wir uns ihnen sozusagen in den Weg stellen. Gut, grundsätzlich bin ich erst einmal dagegen eine Variante zu wählen nur um Fehler zu vermeiden, sondern bin immer für die zur Situation passendste. Bei einer Junggesellengruppe passt es aber sehr gut. „Stopp, hattest du dir nicht die Herde von Olko ausgesucht?", wundert sich mein Freund. „Ja, richtig. Das heißt ja aber nicht, dass ich bei seinen Nachbarherden nicht auch mal über den Zaun gucken kann. Wir dürfen nie vergessen, dass alle Herden zusammen einen Herdenverband bilden." Ich bleibe also einfach stehen, als Olko mit seiner Herde weiterzieht und weiß durch meine Beobachtungen, dass die jungen Hengste ihm nach einer Weile auf der gleichen Route folgen werden. Da sie zu den Seiten genug Platz zum Ausweichen haben, zwinge ich sie also nicht zur Kontaktaufnahme. Die Jungs haben auch kein Interesse daran und sind eher mit sich selbst beschäftigt. Anstatt einen Bogen um mich herumzulaufen, stoppen sie dreißig Meter vor mir und beginnen kurz darauf, miteinander zu spielen. Als ich mich ein paar Minuten später umdrehe und wieder Olkos Herde hinterherlaufe, beenden die Junghengste ihr Spiel und folgen mir mit gleichbleibendem Abstand.
Für mich eine klare Botschaft, dass sie in einer Phase der sozialen Aktivität sind und bei einem Standortwechsel einen Abstand von ungefähr dreißig Meter zu mir in Ordnung finden. Diesen respektiere ich natürlich, gehe aber auch, wenn es sich ergibt, ohne zu zögern bis an diese Grenze. Mein Verhalten blieb von Olkos Herde nicht unbemerkt und so konnte ich wieder bei ihnen punkten. Olko und auch zwei seiner Stute haben genau beobachtet, dass ich zurückgeblieben bin, den Abstand zur anderen Gruppe aber nicht unterschritten habe und mich ihnen jetzt wieder anschließe.

AUF DIE PFERDE ZUGEHEN

Olkos Herde wird langsamer. Alle Pferde sind völlig entspannt und fressen in einer leichten Vorwärtsbewegung. Ich habe ein gutes Gefühl und wage den nächsten Schritt: Eine aktive Annäherung an die Herde. Dabei ist eine gute Portion Feingefühl und ebenso eine saubere Technik erforderlich. Technisch wähle ich den längsten Weg. Ich gehe also weder von vorne auf die Pferde zu noch nähere ich mich ihnen aus einem rechten Winkel. Mathematiker würden sagen, ich bewege mich auf einer Tangente vorwärts und streife den Sicherheitskreis der Herde für einen Moment.

Mein Freund ist erstaunt: „So einen Vergleich hätte ich nicht von dir erwartet.“ Ich muss zugeben, dass das Internet mir dabei geholfen hat, aber ich dachte, dass ihm der technische Begriff der Tangente gefällt. Eine Tangente ist in der Geometrie eine Gerade, die eine gegebene Kurve in einem bestimmten Punkt berührt. Tangente und Kurve haben im Berührungspunkt die gleiche Richtung, heißt es in der vollständigen Definition und beschreibt damit exakt den Weg, auf dem ich mich der Herde annähere.

Dieses Streifen der Sicherheitszone der Herde wiederhole ich in den nächsten Stunden mehrmals. Dabei achte ich darauf, dass die Koniks nicht ausweichen oder ihre Nahrungsaufnahme unterbrechen. Die Gefühlssache dabei ist der Abstand und die Geschwindigkeit der Annäherung sowie die Länge der Pausen zwischen den Kontakten. Nach drei geglückten Versuchen bemerke ich, wie die ersten Tiere das Fressen einstellen und beginnen zu ruhen. Ich verweile auf dem Berührungspunkt von Tangente und Sicherheitskreis der Herde, knie mich ins Gras und mache zusammen mit Olkos Herde in einem Abstand von fünfundzwanzig Metern Pause. Nach einer zweistündigen Ruhepause ziehen wir in die gleiche Richtung weiter. Nachdem ich mich wieder etwas von der Herde entfernt habe, nähern sich die Koniks nun seitlich an mich an und berühren meinen Individualbereich.

„Aber sollten wir nicht darauf bestehen, dass kein Pferd in unseren Individualbereich eindringt“, gibt mein Freund eine alte Pferdeweisheit zu bedenken. „Mit Individualbereich meine ich in diesem Stadium die Sicherheitsblase meiner imaginären Herde, also fünfundzwanzig Meter“, korrigiere ich mich und füge hinzu: „Wenn du zur Herde gehören willst, musst du später zu bestimmten Zeiten den Pferden erlauben, auch in deinen Individualbereich zu kommen und Nähe zulassen.“

Aktive Annäherung. Diese sollte auf dieser Beziehungsebene niemals frontal erfolgen, sondern im flachen Winkel.

Olko hat sich von seiner Herde entfernt und bleibt ungefähr dreißig Meter vor mir stehen.

AN DER TÜR WARTEN

Die Entscheidung, ob sich die Tür zur Herde öffnet, liegt beim Althengst. Ich kann nur signalisieren, dass ich gerne eintreten möchte und muss so lange warten, bis er mich in seine Familie einlädt. Anschließend steht es mir allerdings auch frei, jederzeit wieder zu gehen.

Als sich die Nacht dem Ende zuneigt, merke ich, dass Olkos Verhalten sich von seiner sonstigen Morgenroutine unterscheidet. Normalerweise löst er, nachdem ein paar Altstuten leise und tief gebrummelt haben, die Nachtruhe durch seine Aktivität auf und begibt sich als erster auf den Weg vom Schlafplatz ins Weidegebiet. Heute macht er das nicht, sondern bleibt ruhig zwischen seiner Herde und mir stehen. Er lässt seine Herde alleine weiterziehen. Ich zähle kurz die Pferde aus seiner Herde durch. Wenn ich richtig gezählt habe, fehlt keins der Tiere. Olko wartet also nicht auf einen Spätaufsteher, der irgendwo im hohen Gras den Aufbruch verpennt hat. „Ja, dass Pferde verschlafen, kann schon mal vorkommen. Bei Fohlen ist es dann meist die Mutterstute, die durch lautstarkes Wiehern ihr Fohlen ruft. Diesen Ruflaut benutzt die Stute ausschließlich für ihr eigenes Fohlen. Fohlen anderer Stuten ruft sie nicht und hilft auch nicht dabei, Fohlen anderer Stuten zu ermuntern, wieder zur Herde aufzuschließen. Jede Stute kümmert sich primär um ihr eigenes Fohlen. Dadurch sind wenig akustische Signale

Ich gehe nicht auf Olko zu, nehme keinen direkten Kontakt auf, und warte.

zu hören und die Pferde können die Laute genau zuordnen.
Der Herdenhengst kümmert sich dagegen um seinen gesamten Nachwuchs, wiehert ihm aber nicht hinterher. Für ihn ist die Lösung, dass er zu den jeweiligen Tieren hingeht und sie über seine Körpersprache daran erinnert weiterzugehen, einfacher und eindeutiger", beschreibe ich die Unterschiede in der Kommunikation. „Ach ja", erinnert sich mein Freund, „weil ich die Kommunikation eines Hengstes nachmache, soll ich nicht nach meinem Pferd rufen." Ich nicke kurz zur Bestätigung.
Ein Glücksgefühl steigt langsam in mir auf. Es ist eine Mischung aus freudiger Erwartung und leichter Aufregung, denn ich weiß, dass Olko bereit ist, für mich die Tür zu seinem Zuhause, seiner Herde, zu öffnen. Ich muss nur noch anklopfen. „Wie klopft man an eine unsichtbare Tür", rätselt mein Freund. „Sinnbildlich kannst du dir das so vorstellen: Du stehst jetzt genau vor der Eingangstür und der Hausherr steht bereits im Flur, während der Rest der Familie in der Küche frühstückt. Da die Haustür ja imaginär ist, können wir beide, Olko und ich, durchgucken, weshalb ich mir das Anklopfen sparen kann, und mache jetzt genau das, was du nach dem Klopfen machst: Ich warte, bis Olko an die Tür kommt." Ich füge noch hinzu: „Beim Warten ist es wichtig, dass du entspannt bleibst und den Blick nach unten auf den Boden richtest."

„Die Einladung in die Herde ist der Schlüssel für den Aufbau einer vertrauensvollen Beziehung."

Olko steuert direkt auf mich zu. Da kein anderes Pferd in der Nähe ist, weiß ich: Er will Kontakt aufnehmen.

DIE EINLADUNG

Während ich mit einem innerlichen Lächeln, den Kopf leicht gesenkt, geduldig, fast demütig in einer kleinen Senke wartend stehen bleibe, setzt sich Olko langsam in Bewegung. Er kommt direkt auf mich zu. Da hinter und neben mir keine Pferde sind, ist es eindeutig. Der silbergraue Althengst steuert auf mich zu, womit er das Ritual der Einladung in seine Herde eingeleitet hat. Jetzt den Kopf zu heben und ihn zu begrüßen, wäre ein verhängnisvoller Fehler. Diese Reaktion würde ihm signalisieren, dass ich ein Gespräch außerhalb seiner Herde führen möchte.
„So, als ob du ein Vertreter wärst und ihm einen Staubsauger an der Tür verkaufen möchtest", ich muss lachen, als mein Freund diesen Vergleich zieht. „Ja, im Prinzip schon." Kontakte zwischen zwei Althengsten aus verschieden Herden laufen so ähnlich ab. Allerdings würde mein vorangegangenes Verhalten nicht dazu passen. Zuvor habe ich ihm ja signalisiert, dass ich wie ein Junghengst die Absicht habe, mich seiner Herde anzuschließen. Springe ich jetzt in der Kommunikation zu der Körpersprache eines Herdenhengstes, würde er bestenfalls das Ritual abbrechen, mich dort stehen lassen und zurück in seine Herde gehen. Im schlechtesten Fall könnte er aber auch ansatzlos in das Ritual der Festlegung einer Rangordnung zwischen zwei Herdenhengsten wechseln.
„Durch das Stehenbleiben und Kopfsenken ordnest du dich also von vornherein unter", versucht mein Freund zu verstehen. „Nein, innerhalb einer Herde spielt die Rangordnung keine Rolle. In der Herde geht es eher um Aufgabenverteilung und Führung. Und ich möchte mich jetzt von Olko in seine Herde führen lassen. Das signalisiere ich ihm mit meiner Körperhaltung."

Ablauf

EINLADUNG IN DER HERDE

— Abseits der Herde auf den Althengst warten
— Nicht auf den Hengst zugehen
— Nicht weggehen oder rückwärts bewegen
— Sich vom Hengst umkreisen lassen
— Mit dem Hengst in die Herde gehen
— Keinen Kontakt zu den Pferden aufnehmen
— In der Nähe des Hengstes bleiben

KEIN TAKTILER KONTAKT

Auch Olko sucht keinen körperlichen Kontakt zu mir. Eine Berührung findet nicht statt. Stattdessen bleibt er erneut kurz vor mir stehen und überprüft so ein weiteres Mal meine Absicht, mich seiner Herde anzuschließen. Kurze Zeit später geht er einen Halbkreis um mich herum und bleibt hinter mir stehen. Durch diese Geste hat er für mich den direkten Weg in seine Herde freigegeben.

„Ich weiß, was nun passiert", ruft mein Freund aufgeregt, „Olko senkt seinen Kopf, legt die Ohren an und treibt dich in seine Herde. Das habe ich schon oft in Naturfilmen gesehen." „Nein", antworte ich zu seiner Überraschung, „was du gerade beschrieben hast, ist das typische Treibeverhalten von Hengsten. Es ist sehr dynamisch und sieht entsprechend spektakulär aus, wird aber nur eingesetzt, wenn Hengste ihre Herde zusammentreiben, um sie vor einer Gefahr von außen zu beschützen. Die Einladung in die Herde ist dagegen unauffällig und stressfrei."

Das entscheidende Signal bei diesem Ritual ist das Freimachen des Weges durch den Althengst. Pferde nutzen in der Kommunikation durch Körpersprache sehr oft ihren eigenen Standort, um den anderen Tieren Signale zu geben. In diesem Fall ist es, wie Reiter sagen würden, ein Auslassen der Hilfen. „Als wenn ich bei der Bodenarbeit rückwärtsgehe und mein Pferd mir in den frei gewordenen Raum folgt?", fragt mein Freund nach. „Vom Grundsatz her ja, aber ein Hengst geht nur rückwärts, um sich einem anderen Herdenhengst zu unterwerfen. Pferde bleiben ansonsten immer in der Vorwärtsbewegung und so geleitet mich auch Olko ruhigen Schrittes in seine Herde. Dass er den Kopf dabei nicht senkt und auch das Tempo nicht erhöht, unterstreicht, dass er es mir freistellt mitzukommen. Ob ich neben oder vor ihm gehe, spielt dabei keine Rolle", schildere ich den letzten Teil des Rituals.

„Mache ich als Mensch einen Fehler in einem Ritual, beendet das Pferd den Dialog."

Nachdem mich Olko umkreist hat, führt er mich in seine Herde.

WILLKOMMEN IN DER HERDE

Das Ankommen in der Herde ist eher ernüchternd. Obwohl mich der Althengst für alle gut sichtbar in die Herde geführt hat, scheinen sich die Pferde nicht für mich zu interessieren, sondern grasen einfach weiter. Ich bleibe erst mal in Olkos Nähe stehen.

Nach einer Weile bemerke ich, wie angenehm es ist, dass nicht gleich alle Pferde auf mich zugestürmt kommen, um mich zu begrüßen. Ich glaube, damit wäre ich maßlos überfordert gewesen. Tatsächlich ist das bei der Geburt eines Fohlens ähnlich. Egal ob die Stute zur Geburt ihre Herde verlässt oder direkt zwischen den anderen Pferden ihr Fohlen bekommt, das Neugeborene wird nach einer kurzen Begrüßung durch Beschnuppern in Ruhe gelassen. „Aber du kommst ja nicht vom Himmel gefallen, sondern hast ja ganz offiziell in die Herde gewechselt. Wird ein neues Pferd auch nicht beachtet?", will mein Freund wissen. „Tatsächlich unterbrechen die Pferde ihre momentane Tätigkeit nicht, wenn ein neues Pferd in die Herde kommt. Nur wenn sich ein fremdes Pferd aus Versehen zwischen sie verirrt hat, heben sie ihre Köpfe und werden unruhig. Insofern ist es ein großes Kompliment und die Bestätigung für die Einladung in die Herde, dass die Pferde sich nicht stören lassen, obwohl ich mit meinen 1,84 Meter um einiges größer bin als die Koniks", versuchte ich die Situation zu präzisieren. Ich muss deshalb auch überlegen, wie ich mein massives Erscheinungsbild reduzieren kann, um den Koniks ein Entgegenkommen zu erleichtern. Ein Sich-Kleinmachen verringert bei vielen Tieren die Hemmschwelle für eine Kontaktaufnahme.

Ein größeres Fohlen ist das erste Tier, das neugierig auf mich zukommt, nachdem ich mich kleingemacht habe.

Selbstsicher riecht dieses Fohlen an meinem Atem.

Diese Stute möchte noch keinen Kontakt und läuft dicht an mir vorbei.

Die Fohlen von vorne, die Mutterstute kommt von hinten.

Erst als ein schützender Baumstamm zwischen uns ist, nimmt dieses Fohlen vorsichtig Kontakt zu meiner ausgestreckten Hand auf.

DIE BEGRÜSSUNG

Der erste Kontakt zu einem Pferd ist eine hervorragende Gelegenheit, um seinen Charakter und die spätere Beziehung zu ihm einzuschätzen. Als Neuankömmling in einer Herde gebe ich jedem Tier die gleiche Möglichkeit, Kontakt mit mir aufzunehmen. Ich gehe dafür in die Hocke und bleibe meist mit einer Fußsohle am Boden. Würde ich mich ganz hinknien, würde ich eher eine Ruhestellung einnehmen. Ich bleibe mit dem Oberkörper dabei möglichst gerade und versuche, ein Nach-vorne-Lehnen zu vermeiden. Da ich mein Gleichgewicht aber halten muss, klappt das leider nicht ganz.

Habe ich meine Position gefunden, beuge ich mich aber nicht weiter vor und bleibe ruhig hocken. Stehe ich, falls sich kein Pferd nähert, nach einer Weile wieder auf, mache ich auch das nicht ruckartig, sondern ganz langsam und mit aufrechtem Rücken. Meist dauert es aber nicht lange und das erste neugierige Tier kommt auf mich zu. Für gewöhnlich sind Jungtiere kontaktfreudiger. Kein Wunder, sie sind eh gerade dabei, die Welt zu entdecken und ihr Aktionsradius ist durch die Grenzen um ihre Herde herum eingeschränkt. Da ist natürlich etwas Unbekanntes mitten in der Herde eine willkommene Abwechslung, zumal ja alle Pferde entspannt sind und auch ihr Vater nichts gegen dieses merkwürdig aussehende Wesen einzuwenden hat.

Das erste Pferd, dass sich mir nähert, muss nicht zwingend das mutigste oder neugierigste der Herde sein. Vielleicht steht es einfach nur zufällig in meiner Nähe. An der Geschwindigkeit, mit der es sich nähert, kann ich aber schon mehr ablesen. Die Hengstfohlen oder Jährlinge sind etwas zielstrebiger als die Stutfohlen, stoppen aber immer kurz vor mir und machen dann einen langen Hals. Natürlich könnte ich ihnen die Kontaktaufnahme noch mehr erleichtern, indem ich ihnen meinen Handrücken entgegenstrecke. Das mache ich aber nur im Ausnahmefall. Entweder bei einem extrem schüchternen Tier oder wenn ich nicht die Möglichkeit habe, mich hinzuhocken. Ansonsten bevorzuge ich den Nasenkontakt, wenn ich ein Pferd begrüße.

„Ist das nicht gefährlich“, sorgt sich mein Freund. „Wenn das Pferd sich erschreckt und seinen Kopf ruckartig zur Seite nimmt, könnte es dir doch die Nase brechen?“ Ein berechtigter Einwand, aber nach einer dermaßen behutsamen Annäherung, während alle Pferde in der Herde vollkommen entspannt sind, ist das sehr unwahrscheinlich, aber natürlich nicht ganz ausgeschlossen. Bevor ich antworten kann, hakt mein Freund nach: „Und dass ein neugieriges Hengstfohlen dir ins Gesicht zwickt, könnte doch auch passieren, oder?“ Ich versuche ein beruhigendes Gesicht zu machen und antworte: „Nein, das wäre ja die Antwort auf eine Spielanfrage. Wir befinden uns ja in der Begrüßung innerhalb einer Herde. Die ist geprägt von Zurückhaltung. Was auf den Nasenkontakt folgt, ist ein behutsames Beriechen. Das Pferd pustet mir dabei ganz sanft seinen warmen Atem ins Gesicht und wartet darauf, dass es im Gegenzug meinen Geruch aufnehmen kann.“

Jetzt macht sich die lange Vorarbeit bezahlt, denn mittlerweile habe ich sämtliche Gerüche der Birk angenommen. Ich bin mir sicher, den Koniks hilft die Vertrautheit einiger bekannter Gerüche ihrer Umgebung. Trotzdem ist das keine Garantie und schon lange kein Freibrief, um mit allen Koniks aus der Herde in persönlichen Kontakt zu treten. Besonders einige der älteren Stuten haben überhaupt kein Interesse an mir. Ich lasse sie einfach vorbeilaufen und freue mich darüber, dass sie keinen Bogen um mich herum machen.

„Könnte es auch passieren, dass dich eine Stute wegjagt?“, will mein Freund wissen. „Nein, sie stellen die Entscheidung des Althengstes nicht infrage und akzeptieren jeden, den Olko in die Herde lässt. Was nicht gleichzeitig bedeutet, dass alle Pferde in einer Herde gleich gut miteinander befreundet sein müssen.“ Und so schön die Begrüßung eines Pferdes auch ist, so ist sie, solange wir in der Herde bleiben, eine einmalige Angelegenheit.

„Pferde ständig zu begrüßen sorgt für Verunsicherung. Besser ist es, sich einmal in Ruhe vorzustellen.“

ZEIT SCHENKEN
— *und feine Signale*

Dass ein Pferd aus einer Herde gar keinen Kontakt zu uns aufnehmen möchte, ist unwahrscheinlich. Der Grund für die Meidung könnte sein, dass unsere Signale ungenau sind oder wir uns nicht genug Zeit genommen haben.

01 Ein schüchternes Fohlen möchte Kontakt aufnehmen, traut sich aber noch nicht.

02 Erst nach dem leichten Senken meines Kopfes kommt das Fohlen näher. Meinen Rücken lasse ich dabei gerade, denn ein Nach-vorne-Beugen würde dem Fohlen Angst machen.

03 Trotzdem lieber noch nicht zu nah kommen. Vorsichtiges Beriechen von Knie und Hand. Unsere umsichtige Kommunikation hat ein Jährling bemerkt, der sich jetzt auch traut, näherzukommen. Olko grast unbeteiligt vorne rechts.

Funktioniert die Kontaktaufnahme zu einem Pferd nicht, sollten wir auf keinen Fall die Signale verstärken oder mehr Druck aufbauen. Eine Kontaktaufnahme sollte immer freiwillig bleiben. Verweigert ein Pferd uns die Begrüßung, ist das eine gute Gelegenheit, um unsere Körpersprache zu überprüfen und zu verfeinern. Sowohl erfahrene Stuten als auch besonders vorsichtige Fohlen helfen uns dabei.
Für ältere Stuten ist der Zeitpunkt der Kontaktanfrage besonders wichtig. Haben sie ein Fohlen bei Fuß, sind die Zeitfenster für soziale Kontakte nur kurz und werden bevorzugt mit ihren langjährigen Freundinnen verbracht. Außerdem sind sie es durch die eingespielte Kommunikation gewohnt, nur minimale Signale auszusenden und gehen davon aus, dass diese erkannt werden. Erfolgt von uns nicht die entsprechende Reaktion, bemühen sie sich nicht weiter und wenden sich einem Pferd zu, dass sie und ihre Bedürfnisse besser versteht.
Schüchterne Fohlen reagieren dagegen sehr deutlich auf feine Unterschiede in unserer Körpersprache und geben uns die Chance, diese zu korrigieren. Treten wir zu massiv auf, stoppen sie sofort. Durch ihre Neugierde laufen sie aber nicht gleich weg, sondern warten, was wir als Nächstes machen. Jetzt können wir den Druck wegnehmen oder unsere Signale optimieren. Verstärke ich dagegen meine Körpersprache, weil ich denke, ich war undeutlich, verunsichert dass das Fohlen und es beendet dann doch die Kommunikation.

01

02

03

INSIDE

— *Teil der Herde werden*

FRÜHSTÜCK MIT DEN KONIKS

Bei der Nahrungsaufnahme treffen wir auf erhebliche Unterschiede zwischen Pferden und Menschen. Das war früher nicht so gravierend, weshalb wir, um die Pferde zu verstehen, gedanklich sehr weit zurückreisen müssen. In die Zeit, als wir noch Sammler und Jäger waren.

Da Pferde reine Pflanzenfresser sind, können wir bei diesem Gedankenspiel den Part des Jägers getrost streichen. Wir stellen uns also vor, dass wir reine Sammler sind. Es gibt weder Landwirtschaft noch Warenhandel, auch die Konservierung und Vorratshaltung ist uns noch nicht bekannt. Wir müssen also jeden Tag durch die Wildnis streifen und unsere Nahrung suchen und diese sofort zu uns nehmen. Das ist genau das, was Pferde machen, und zwar das gesamte Jahr hindurch. Wird uns das bewusst, verstehen wir besser, dass die Nahrungsaufnahme zu den Hauptbeschäftigungen der Pferde zählt. Für die Koniks auf der Geltinger Birk gilt das bis heute unverändert.
„Die werden überhaupt nicht zugefüttert?", möchte mein Freund wissen. „Nein, das ist aber auch kein Problem, die Koniks finden genug zu fressen", antworte ich, ohne mir weitere Gedanken zu machen. Doch mein Freund hakt nach: „Aber wenn die Pferde dort weder Zusatzfutter noch Mineralien oder Vitamine bekommen, fehlt ihnen dann nicht etwas? Und wie ist das im Winter, da wächst doch gar kein Gras. Meine Pferde freuen sich dann darüber, dass ich ihnen dreimal pro Tag die Futterraufen mit bestem Heu fülle."
Das, was mein Freund beschreibt, ist der Normalfall bei unseren Hauspferden und ich muss schmunzeln, da er nun doch einen treffenden Vergleich zu unseren heutigen Essgewohnheiten geliefert hat. „Deine Pferde leben wie moderne Stadtmenschen. Sie gehen jeden Tag essen, statt selbst zu kochen", versuche ich die typische Pferdehaltung zu erklären. Tatsächlich können wir beobachten, dass sogar in den meisten Offenställen die Pferde in ihren Ausläufen um die Futterraufen herumstehen und ihr Heu fressen. Das Bild gleicht fast dem einer Gruppe von Freunden, die zusammen in einem Restaurant an einem Tisch sitzen und sich angeregt unterhalten. Allerdings sieht die Unterhaltung zwischen Hauspferden manchmal gar nicht so entspannt aus. Nicht selten giften die Pferde sich gegenseitig an. Reiter sprechen dann gerne vom Futterneid. In der Natur und auch in großzügigen, nach den Bedürfnissen der Pferde ausgelegten Pferdehaltungen, sieht das anders aus. Die Pferde bewegen sich beim Fressen und können zu ihren „Tischnachbarn" viel Abstand halten.
Die Pflanzenvielfalt auf der Geltinger Birk sorgt dafür, dass die Koniks mit allen Nährstoffen gut versorgt werden, und ihre Speisekarte hat viel mehr zu bieten als nur Gras. Die Natur hält ein auf die Jahreszeiten abgestimmtes Angebot für die Pferde bereit, aus dem sie wie aus einem Buffet wählen können. Sie gehen einfach von Station zu Station und nehmen sich das, was sie gerade gerne hätten. Dabei sind die Vorlieben der einzelnen Pferde durchaus unterschiedlich. Ein Grund, warum die Koniks beim Fressen weiter auseinandergehen als beim Ruhen. So auch bei ihrem Frühstück an diesem Morgen.

„Die meiste Zeit des Tages beschäftigen sich Pferde mit der Nahrungsaufnahme."

Die Koniks fressen nicht nur Gras, sondern auch gesunde Birkenblätter.

IM BIRKENWALD

Im Hintergrund höre ich das rhythmische Rauschen der Brandung. Fast monoton treffen die Wellen der Ostsee an den Strand und laufen langsam wieder zurück ins Meer, bis die nächste Welle aufläuft. Zu diesen beruhigenden Klängen gesellt sich kurz vor Sonnenaufgang ein weiteres friedliches Geräusch. Die Kaubewegungen der Koniks haben eine fast meditative Wirkung. Diese Stimmung ist typisch für das Frühstück der Pferde. Außer ein paar Fohlen, die etwas herumtoben, weil sie sich freuen, dass wieder etwas Bewegung in die Herde gekommen ist, herrscht eine entspannte Ruhe. In dieser entspannten Ruhe ist die Kommunikation der Koniks auf ein Minimum reduziert. Die Pferde suchen nicht nach einem Gesprächspartner für eine morgendliche Unterhaltung, sondern nach den leckersten Frühstückscerealien und zeigen dabei ihre individuellen Vorlieben.

So nimmt der Zweijährige neben mir den Kopf nicht herunter, um auf dem sandigen Boden nach Gräsern oder Kräutern zu suchen, sondern bedient sich direkt auf Kopfhöhe an den Blättern der Birke.

„Oh, dann habe ich ja alles richtig gemacht", freut sich mein Freund: „Ich habe gerade eine Packung getrocknete Birkenblätter für meine Pferde bestellt." Ja, denke ich, es ist gut, dass immer mehr Pferdebesitzer erkannt haben, dass Pferde nicht nur Gras fressen. Es wird ja gerne gesagt, Pferde sind Grasfresser, dabei wäre das korrekte Wort: Pflanzenfresser. Und trotzdem habe ich noch einen Verbesserungsvorschlag für meinen Freund: „Das ist super", lobe ich ihn zunächst, „erst mal ist es gut, wenn deine Pferde mehr als nur Gras bekommen, und zweitens ist es schlau, keine Pflanzen- oder Kräutermischungen ins Futter zu geben, sondern ihnen einzelne Pflanzen anzubieten, sodass sie gezielt auswählen können."

Mein Freund grinst schon über beide Backen, als ich nach einer kurzen Pause fortfahre: „Was hältst du von der Idee, ein paar Birken zu pflanzen? Der Aufwand ist marginal, und zu dem Preis von einem Kilogramm Birkenblättern kannst du bestimmt drei bis fünf junge Bäume pflanzen, die dann nach ein paar Jahren deinen Pferden nicht nur Nahrung bieten, sondern auch einen Rückzugsort und Schutz vor Wetter." Mein Freund tippt sich kurz an die Stirn: „Ja, warum auch nicht. Genauso wie auf der Birk."

Ich grase natürlich nicht wirklich, sondern schaue mir nur die verschiedenen Gräser an, die hier wachsen.

GRASEN ALS LEKTION

Viele Reiter konzentrieren sich bei der Bodenarbeit auf exakte Hilfen, die möglichst der Pferdesprache entsprechen und mit denen sie ihren Pferden punktgenau die verschiedensten Lektionen entlocken. Und auch diese Lektionen finden Anlehnung an dem, was Pferde in der Natur zeigen. Dieses Bestreben finde ich sehr gut, nur wird dabei gerne übersehen, dass für Pferde die ganz einfachen Lektionen die wichtigsten sind. Ich glaube, es ist sich kaum ein Reiter darüber bewusst, dass bereits das Führen eines Pferdes eine sehr weit fortgeschrittene Kommunikation ist. Wie wäre es daher, mit einer Lektion anzufangen, die die Pferde aus dem Effeff beherrschen, weil es der Bewegungsablauf ist, den sie am häufigsten machen? Mein Freund guckt mich etwas ungläubig an und fragt: „Du meinst jetzt nicht wirklich, ich soll meinem Pferd das Grasen beibringen, oder?“ Ich versuche, das Lächeln eines Schlitzohres aufzulegen und erwidere schelmisch: „Überdenke noch einmal deine Frage. Wenn Pferde in ihrer Herde in Perfektion grasen und für uns dabei eine Kommunikation kaum erkennbar ist, wer sollte dann wohl wem die Lektion Grasen beibringen?“ Mein Freund zieht seine Augenbrauen hoch: „Du meinst, das mit dem Mistboy war nur eine Vorübung, und jetzt machen wir es richtig? Warum legst du so großen Wert darauf, was ist am Grasen so wichtig?“, fragt er nach. „Für Pferde ist das Grasen mehr als nur Nahrungsaufnahme. Sie nutzen es zur Kommunikation. Wie bei allen Signalen, die je nach Kontext eine andere Bedeutung haben, müssen wir lernen, am Zusammenhang und an den Feinheiten zu erkennen, wann ein Signal welche Bedeutung hat. Und am einfachsten und genauesten lernen wir das, wenn wir die Bewegungsabläufe von den Pferden übernehmen“, unterstreiche ich die Wichtigkeit des Grasens. „Du meinst, so wie das Schütteln. Das machen Pferde zum Beispiel nach dem Wälzen, und fühlen sich dabei wohl, aber sie schütteln sich auch, wenn sie Stress haben“, schlussfolgert mein Freund. „Ja, genau“, freue ich mich über dieses schöne Beispiel.

KEINE TISCHGESPRÄCHE

Es ist ein ungeschriebenes Gesetz, dass Pferde beim Fressen nicht gestört werden wollen. Trotzdem verständigen sie sich bei der Nahrungsaufnahme untereinander. Zunächst achte ich genauso wie beim Imitieren des Grasens, als ich noch mit Stativ auf Abstand zur Herde unterwegs war, darauf, den Rhythmus der Pferde zu übernehmen und merke, dass ich ihn durch die Vorübung schneller finde.

„Grast du jetzt richtig?", will mein Freund wissen. „Im Prinzip schon", stimme ich zu, „nur, dass ich weder Grashalme abrupfe, noch dass ich sie esse. Ich sehe mir die Halme, Blätter und Blüten aber genau an und versuche, die Gräser und Kräuter zu bestimmen. Dadurch bin ich ähnlich konzentriert wie die Koniks und ich gehe genauso gezielt zu bestimmten Pflanzengesellschaften. Bei meinen kleinen Ortswechseln muss ich dann genauso wie die anderen Pferde auf meine Nachbarn achten und lerne so, mich in der Herde zu bewegen, ohne Unruhe in die Gruppe zu bringen."

Ich mache eine kurze Pause. Mein Freund schweigt und ich sehe, wie er im Geiste versucht, das nachzumachen. „Das kann ich nicht", gesteht er anschließend. „Wo hast du gelernt, Gräser und Kräuter zu bestimmen?", will er wissen. „Beim Grasen", grinse ich. „Nee, das hat dir bestimmt deine Frau beigebracht," unterbricht er mich. „Erwischt", ich muss lachen, „die Bestimmung der Pflanzen und was welche Pferde wann fressen, darüber können wir gerne ein anderes Mal sprechen. Für die Kommunikation und die Körpersprache ist das erst mal nicht so wichtig. Aber du kannst, selbst wenn du dich überhaupt nicht mit Pflanzen auskennst, trotzdem schon einmal auf die Unterschiede achten und einfach mal zählen, wie viele verschiedene Pflanzen auf deiner Weide wachsen. Machst du das, wirkst du auf jeden Fall schon einmal beschäftigt und du hast so automatisch kommuniziert, dass du jetzt nicht bereit für eine soziale Interaktion bist."

Mein Freund ist etwas enttäuscht: „Aber ich möchte doch irgendetwas mit meinem Pferd machen." „Das kommt noch. Alles zu seiner Zeit", beruhige ich ihn, „Pferden ist der richtige Zeitpunkt für eine direkte Kommunikation sehr wichtig. Du zeigst jetzt, dass du das verstanden hast und die Fressphase als private Zeit respektierst." Nachdem ich mich etwas eingelebt habe, achte ich darauf, ob einzelne Pferde sich beim Grasen öfter in meinem Umfeld aufhalten und bereite mich langsam darauf vor, nach der Fressphase mehr Nähe anzubieten.

Alles zu seiner Zeit: keine Kontaktaufnahme in der Fressphase.

Ich warte, wer sich neben mich stellt. Opurina, die braune Stute hinter mir, hat sich schon zum Ruhen aufgestellt.

FREUNDE FINDEN

Frühstückspause. Nach der ersten Fressphase des Tages begeben sich die Koniks zur Ruhe. Dabei wählt jedes Pferd seinen persönlichen Platz mit Bedacht, wodurch sich anfängliche Sympathien, die später zu freundschaftlichen Beziehungen ausgebaut werden können, zeigen.

Der Übergang vom Frühstück zur Pause kann sehr schnell erfolgen. Auch findet meist kein größerer Standortwechsel statt, sondern die Herde kommt dort zur Ruhe, wo sie gerade gefressen hat. „Witzig", bemerkt mein Freund, „wir Menschen machen genau genommen eine Pause, um zu frühstücken, während die Pferde eine Pause beim Frühstücken machen", er schüttelt etwas verwirrt und gleichzeitig amüsiert seinen Kopf. „Ja, genau. Mach das doch zu Hause mal genauso. Frühstücke in Ruhe, so ungefähr zwei bis drei Stunden, und dann gehst du vom Frühstückstisch direkt aufs Sofa und machst für eine Stunde ein kleines Nickerchen", versuche ich die erste Hälfte des Tages bei wild lebenden Pferden zu verdeutlichen. „Das ist ja wie Urlaub", freut sich mein Freund. Es ist wichtig, dass wir verstehen, wie der natürliche Tagesrhythmus von Pferden ist und auf welche Phasen sie großen Wert legen. Nur so können wir den richtigen Zeitpunkt für den Beginn eines Gespräches finden. Platzen wir zum falschen Zeitpunkt mit einem Anliegen dazwischen, das für diesen Moment überhaupt keine Rolle spielt, wird das folgende Gespräch entweder gar nicht stattfinden oder keine Freude machen.

AUF ZACK SEIN

„In Ruhephasen ist die Kommunikation reduziert."

Ein richtiges Gespräch werde ich auch jetzt noch nicht mit den Koniks führen, aber der Wechsel von Aktivität zu Ruhe ist ein geeignetes Instrument, um zu erkennen, wie gut ich mich bereits in die Herde eingefügt habe. Ganz zufrieden bin ich an diesem Vormittag mit meiner „Leistung" noch nicht. Viel zu spät habe ich bemerkt, dass die ersten Koniks sich zum Ruhen aufstellen, und gehe daher etwas zu schnell zwischen sie. Vermutlich ist das der Leistungsdruck, der immer noch unterschwellig in mir rumort. Dabei wäre es gar nicht schlimm gewesen, ein wenig später nachzurücken, nur dann eben in einem viel niedrigeren Tempo.
Zum Glück ist Opurina, eine braune, ältere Stute sehr nachsichtig mit mir, bleibt entspannt und korrigiert mich nicht. Ich gehe kurz darauf auf die Knie und komme körperlich wieder zur Ruhe. In meinem Kopf rattern meine kleinen Gehirnzellen dagegen immer noch wie verrückt. Warum war ich nur schon wieder so hektisch? Wieso habe ich so spät bemerkt, dass die Koniks gleich Frühstückspause machen? Ich mache mir so viele Gedanken, dass ich erst ein paar Minuten später das Verhalten von Opurina verinnerliche. Obwohl ich mich pferdisch nicht ganz richtig verhalten habe, hat sie trotzdem Nähe zugelassen. Ein deutliches Zeichen dafür, dass eine freundschaftliche Beziehung möglich ist. Dass ich mich, kurz nachdem ich meinen Platz eingenommen habe, gleich auf den Boden knie, ist übrigens kein Problem, Pferde machen das auch. Es gibt keine Regel, dass ein Pferd erst fünf Minuten im Stehen ruhen muss, bevor es sich hinlegen kann. Die Ruhepositionen sind genauso individuell, wie die Vorlieben beim Fressen. Jetzt, da ich mich in einer passiven Position befinde, kann ich die Eigenheiten der einzelnen Pferde noch besser beobachten.
Vor mir schläft ein Fohlen tief und fest. Sein leises Schnarchen lässt mich müde werden und ich fange gerade an zu gähnen, als ich über die leichten Vibrationen im Boden fühle, wie sich ein weiteres Pferd nähert. Ob es zu mir kommt und sich neben mich zum Ruhen hinstellt? Leider Fehlanzeige, es geht an mir vorbei und legt sich direkt neben das schlafende Fohlen. Es ist seine Mutter, die sich ohne Anfragen zu müssen, dieses Recht herausnehmen kann. Ich darf nicht den Fehler machen, eine solche Annäherung nachzumachen.
Wir müssen bei einer Annäherung immer den Beziehungsstatus zu dem jeweiligen Pferd berücksichtigen und dürfen nicht vergessen, welche Rolle wir in der Herde spielen. Ein neu in die Herde gewechselter Junghengst würde sich niemals die Freiheit herausnehmen, einen so zielgerichteten und engen Kontakt zu einem schlafenden Fohlen aufzunehmen. Bei dem ein Jahr älteren Bruder dieses Fohlens könnte das aber schon passieren. Der Jährling liegt allerdings schon ganz woanders und befindet sich bereits im Land der Träume. Ich muss also erst mal weiter an einem Beziehungsaufbau arbeiten, bis ein Pferd mir so vertraut, dass es sich direkt neben mich zum Schlafen hinlegt. Aber immerhin ist die Stute entspannt an mir vorbeigegangen, hat sich sofort flach neben ihr Fohlen gelegt und ist eingeschlafen. Auch das ist bereits ein gutes Zeichen.

Die Mutterstute hat sich direkt neben ihr Fohlen gelegt.

Perfekt zum Ruhen: Sonne, trockenes Gras und eine entspannte Herde.

WER STEHT NEBEN WEM?

„Dass die Stuten direkt neben ihren Fohlen ruhen, verwundert mich jetzt nicht," bemerkt mein Freund lapidar. Da hat er natürlich recht und die Verbundenheit, die zwischen einer Stute und ihrem Fohlen besteht, können wir wohl selbst durch die beste Beziehungsarbeit nicht erreichen. Im Übrigen geht die Bindung zwischen Stute und Fohlen in einigen Fällen sogar so weit, dass die Stute noch Jahre später, wenn ihr Fohlen längst in einer anderen Herde lebt, von Zeit zu Zeit nach ihm schaut.
Ich sollte mich also eher an den Beziehungen zwischen Pferden orientieren, die nicht ganz so eng sind. Gute Freunde, die nicht miteinander verwandt sind, das ist eine ideale Blaupause für mich. Mein Blick schweift umher. Ich halte Ausschau nach jungen Hengsten und auch jungen Stuten, die möglicherweise erst vor Kurzem in die Herde gewechselt sind. Tatsächlich ist es fast aussichtslos, im Nachhinein zu erkennen, ob es sich um einen Konik handelt, der in dieser Herde geboren wurde oder der aus einer anderen Gruppe in diese gewechselt hat.
Was mich im ersten Moment etwas frustriert, stimmt mich dann aber wieder hoffnungsvoll. Wenn es nach ein paar Tagen nicht mehr zu erkennen ist, ob ein Pferd neu in der Herde ist, dann beweist es einmal mehr, wie sozial Pferde sind. Trotzdem sind feine Unterschiede zu erkennen. Einige Koniks stehen dichter zusammen, andere halten etwas mehr Abstand zueinander. „Ist das ein Indiz dafür, wer mit wem eine festere Bindung hat?", will mein Freund wissen. „Ja, das kann sein, muss aber nicht", antworte ich vage. Ich selbst hasse diese schwammigen Aussagen, aber es kann viele Gründe haben, warum Pferde dichter zusammenstehen oder weiter auseinander.

ES IST VORMITTAG

In der Frühstückspause fühlen sich die Pferde meist sehr sicher. So auch heute. Es ist hell, die Sonne scheint und es zieht nur ein leichter Wind über die große Ebene. Die Fernsicht ist optimal und alle Gruppen aus dem Herdenverband halten sich im gleichen Gebiet auf. Die Pferde sind entspannt und die Althengste zeigen kein Interesse an einer herdenübergreifenden Kommunikation. In den nächsten ein bis zwei Stunden wird also voraussichtlich nichts weiter passieren. Da die Nacht aber recht kühl war, scheinen die Koniks die wärmende Sonne zu genießen und haben sich so aufgestellt, dass sie sich nicht gegenseitig beschatten. Das ist zwar nicht so extrem, wie in den Wintermonaten, aber dennoch ein Unterschied zu einem regnerischen und windigen Tag, an dem die Koniks dichter zusammenrücken würden. Daher ist es durchaus möglich, dass zwei Pferde, die jetzt mit drei Meter Abstand zueinander ruhen, trotzdem sehr enge Freunde sind.

BEWEGUNG BEIM RUHEN

Ich war gerade dabei einzunicken, als ich tapsige Schritte im Gras höre. Ich liege fast flach auf der Seite und habe mich schon über eine Stunde lang kaum bewegt, als das schüchterne Fohlen aus der Herde sich vorsichtig nähert. Opurina hat dagegen zweimal ihren Platz gewechselt und auch das Fohlen hatte schon vorher einmal bei mir vorbeigeschaut. Dass es jetzt erneut zu mir kommt und dabei etwas forscher ist als beim vorigen Mal, ist zwar im Sinne des Beziehungsaufbaus ein gutes Zeichen, aber auch nicht ganz ungefährlich. Geht eine Ruhephase zu Ende und die Fohlen sind schon aktiv, kann es sein, dass sie ein anderes Pferd aus der Herde zum Spielen auffordern wollen. Liegt das Pferd noch, machen die Fohlen das Gleiche, was ihre Mutter macht, wenn sie verlangt, dass ihr Nachwuchs aufstehen soll. Nachdem sie es mit der Nase angetickt hat und es nicht darauf reagiert, tritt sie mit dem Vorderbein nach ihm, was so energisch ausfallen kann, dass die Fohlen die ersten Schritte nach dem Aufstehen sogar lahmen. Das möchte ich natürlich nicht erleben, weshalb ich diese Kontaktanfrage genauso, wie seine Mutter es machen würde, deutlich verneine. Wollen wir also eine echte Beziehung zu einem Pferd aufbauen, heißt das auf keinen Fall, dass wir jeder Anfrage zustimmen müssen, nur um die Freundschaft nicht zu gefährden.

Jetzt traut sich auch das letzte schüchterne Fohlen näherzukommen und untersucht neugierig meinen Hut.

HENGSTSPIELE

Mit einem dumpfen Knall rauschen die beiden Junghengste zusammen. Ihre spielerischen Attacken können sehr körperlich werden. Von einer feinen Kommunikation ist das weit entfernt und je länger ich dabei zuschaue, desto weniger Lust habe ich mitzumachen.

Es ist später Nachmittag, als sich das einheitliche Erscheinungsbild der Herde auflöst und ein geordnetes Durcheinander entsteht. Mein Freund ist verwirrt: „Was bitte schön ist ein geordnetes Durcheinander?" Als mein Freund meine Worte wiederholt, bin ich selbst ein wenig irritiert und merke, wie schwer es ist, diese besondere Situation passend zu beschreiben. Um das Gefühl dieser Gruppenphase zu erklären, könnte ich viele Vergleiche heranziehen, die aber je nach persönlichem Empfinden ganz unterschiedlich wirken können.

Am Nachmittag herrscht eine Art Freizeit-Feeling, bei der die Herde relaxt ist, sich über einen etwas größeren Bereich verteilt und die Pferde verschiedenen Aktivitäten nachgehen. Trotzdem erzeugen sie den Eindruck einer engen Gemeinschaft. Es ist also nicht die einheitliche Aktivität, die die Verbundenheit zeigt, sondern die individuelle Freiheit.

Ich blicke weiterhin in fragende Augen, weshalb ich mir erlaube, ein Beispiel aus meiner eigenen Familie zur Verdeutlichung heranzuziehen. Es ist eine typische Szenerie bei einem Familientreffen bei meiner jüngeren Schwester. Beim Mittagessen sitzen wir alle auf der Terrasse zusammen. Die Familie ist so groß, dass mehrere Tische nötig sind, damit alle einen Platz finden. Es gibt aber keinen extra Kindertisch, ganz im Gegenteil, die Kids verteilen sich zwischen den Erwachsenen. Einer meiner Neffen möchte unbedingt zwischen Oma und Opa sitzen, während meine reitende Nichte sich zwischen meine Frau und mich quetscht. So vermischen sich drei Generationen und wir essen alle gemeinsam. Nach dem Essen sind es die Kinder, die zuerst aufstehen und anfangen, im Garten zu toben. Kurz darauf setzen sich meine Frau und meine jüngere Schwester zu meiner älteren Schwester und fangen an zu klönen. Als meine Mutter mitbekommt, dass sie Kochrezepte austauschen, setzt sie sich dazu. Eine Viertelstunde später machen sich die vier Damen zusammen auf den Weg in den Gemüsegarten. Mein Vater wiederum nutzt die Chance, um noch einmal eine Portion Bratkartoffeln nachzulegen. Mein Schwager findet das eine gute Idee und holt sich auch noch einmal einen Nachschlag. Meinem anderen Schwager überkommt dagegen die Müdigkeit und er macht es sich im Schatten eines Kirschbaumes auf einer Gartenliege bequem. Mir wird es dagegen zu langweilig und ich gehe zu den Kindern, spiele aber nicht mit, sondern gucke mal über den Gartenzaun zum Nachbarn rüber und sage Hallo.

Pferde machen es am Nachmittag oft ähnlich. Die älteren Pferde, die einen höheren Energiebedarf haben, grasen eine Extrarunde, andere machen ein bisschen soziale Fellpflege, während ein Pferd, das möglicherweise in der Nacht länger Wache gehalten hat, ein wenig döst. Der Althengst hält wiederum Ausschau nach den Nachbarherden und die Jungtiere spielen.

„Sollte ich denn gar nicht mit meinen Pferden spielen?", fragt mein Freund etwas enttäuscht. „Ganz im Gegenteil," widerspreche ich, „das ist sogar sehr wichtig. Nur Spiel ist nicht gleich Spiel. Spielen junge Hengste miteinander, kann das sehr ruppig werden. Da kann ich körperlich nicht mithalten. Deshalb steige ich erst in ein Spiel ein, wenn ich jederzeit die Kontrolle darüber habe. Das ist erst in der nächsten Beziehungsebene der Fall. Dann kann ich sogar die Junghengste aktiv zum Spiel auffordern.

Eine Aufforderung zum Spiel kann von dem Gegenüber …

DIE ANFRAGE ZUM SPIEL

Bereits die Anfrage zum Spiel kann für uns Menschen eine unangenehme oder sogar gefährliche Sache werden. Es ist gar nicht so selten, dass Reiter von ihrem eigenen Pferd gebissen werden. Das geht vom leichten Zwicken in den Arm, was mit einem kleinen blauen Flecken endet, bis hin zu schweren Bissverletzungen im Gesicht. Für solche Unfälle gibt es meist zwei verschiedene Gründe. Entweder, das Pferd wurde zu sehr bedrängt und der Reiter hat die vorausgegangenen Warnsignale ignoriert oder gar nicht bemerkt und das Pferd verdeutlicht daraufhin lediglich sein Signal; oder der Reiter hat sein Pferd aus Versehen zu einem Hengstspiel aufgefordert und befindet sich noch in der dritten Beziehungsphase. „Okay, das will ich jetzt ganz genau wissen", sagt mein Freund erschrocken. „Wie kann es passieren, dass ich aus Versehen mein Pferd zum Hengstspiel auffordere?"
Schauen wir uns zunächst eine Spielaufforderung zwischen zwei Junghengsten an. Die beiden Pferde kennen sich gut und leben in einer Herde. Oft entsteht ein Spiel dadurch, dass die Tiere einfach nebeneinanderstehen und einer der beiden dem anderen behutsam mit seinen Lippen auf den Nasenrücken stubst. „Oh, mein Gott. Ich weiß, worauf du hinauswillst. Wenn ich neben meinem Pferd stehe und ihm mit der Hand etwas dynamischer über die Nase streichle, könnte es das als Spielaufforderung missverstehen?", beschreibt mein Freund die typisch menschliche Geste.
„Wieso missverstehen? Das ist der Beginn einer Anfrage zum Spiel. Die meisten Hauspferde haben allerdings gelernt, dass die Menschen nicht meinen, was sie sagen", gebe ich zu bedenken und relativiere meine Warnung, in dem ich hinzufüge: „Es kommt aber auch noch darauf an, wie die Kommunikation weitergeht." Eine einmalige Berührung am Kopf löst noch keinen Biss als Erwiderung aus. Was zunächst folgt ist ein wechselseitiges Hin- und Herknabbern der bei-

... sehr körperlich angenommen werden. Ich verzichte auf eine Beteiligung.

den Hengste. Dabei nehmen sie den Kopf in einer kleinen Ausweichbewegung zur Seite. „Gut, das hört sich jetzt wieder so an, als ob eine heftige Reaktion meines Pferdes eher die Ausnahme ist", ist mein Freund erleichtert. „Nicht so schnell", bremse ich ihn. „Was wir fast immer beobachten können, ist, dass ein Reiter sein Pferd, obwohl es seinen Kopf leicht zur Seite nimmt, trotzdem am Nasenrücken berührt. Das Pferd versteht diese Geste dann als Anfrage zum Spiel. Wendet das Pferd jetzt wiederum seinen Kopf zum Menschen und stupst diesen mit seinem Maul an, heißt das einfach nur: Ja, lass uns spielen. Die Geste des Pferdes wird dann oft vom Menschen durch ein Stoppsignal unterbrochen, weil der Mensch ja nicht spielen, sondern sein Pferd am Kopf streicheln wollte. Spätestens jetzt ist das Pferd vollkommen verwirrt, da der Mensch anscheinend nicht das möchte, was er sagt."

Obwohl das Thema sehr ernst ist, muss ich lachen. Mein Freund sieht jetzt nämlich genauso genervt aus wie Pferde, die von Menschen ständig am Kopf gestreichelt werden. „Das heißt, ich darf mein Pferd nicht streicheln?" Ich schüttle meinen Kopf, um durch meine nicht zu meiner Körpersprache passende Antwort meinen Freund noch mehr zu verwirren und sage: „Doch, klar kannst du dein Pferd streicheln." Ich mache eine kleine Pause, um die Wichtigkeit des folgenden Satzes hervorzuheben: „Das Streicheln am Kopf darf nur nicht zu einer Berührung werden, die sich zu einer Anfrage eines körperlich betonten Hengstspiels entwickelt. Möchtest du dein Pferd streicheln, solltest du darauf achten, dass es dir dabei nicht ausweicht, sondern deine Nähe sucht. Aber dazu später mehr."

„Gut gemeinte Berührungen am Kopf kann ein Pferd schnell falsch verstehen."

Auf dem Weg zum Schlafplatz herrscht eine lockere Ordnung innerhalb der Herde.

WENN ES ABEND WIRD

Die Herde setzt sich in Bewegung. Jedes Pferd scheint genau zu wissen, wo es hinwill. Ich möchte herausfinden, wie dieses Schwarmverhalten entsteht und wie es sich anfühlt, wenn ich mich von den Koniks führen lasse. Daher begebe ich mich in die Mitte der Herde.

Unsere Wanderung beginnt am Krötenweg, führt vorbei am Schäferland, der Alten Plantage, der Kuhlenkoppel und Orchideenwiese und wird am westlichen Ende des Ziegeleiwaldes enden. Insgesamt wird die Herde bis zu ihrem Schlafplatz dabei knapp vier Kilometer zurücklegen. Aber beginnen wir kurz nach dem Aufbruch am Krötenweg. Die Herde macht sich nicht allein auf den Weg, sondern zieht gemeinsam mit den anderen Gruppen aus dem Herdenverband. Ausgelöst wurde der Standortwechsel von Karls Herde. Sie befindet sich ganz vorne an der Spitze.

Reiter würden „an der Tete" sagen. Übersetzt heißt das „am Kopf", und so kann man damit durchaus assoziieren, dass die vorderste Herde die Richtung vorgibt und auch die erfahrenste ist, was typischerweise die Auswahlkriterien

der Reiter an der Tete sind. Danach müsste die vorderste Herde und auch das vorderste Pferd führen.
Aber was passiert, wenn die Pferde so etwas wie Kurzkehrt machen? Wechselt dann die Führung wie beim Abteilungsreiten in der Reithalle oder führen dann die gleichen Pferde von einer anderen Position aus? Zu Beginn der Wanderung habe ich gar nicht die Chance zu erkunden, welche Tiere die Richtung vorgeben, ich werde quasi von der Masse mitgerissen. Dabei stößt mich natürlich kein Pferd um, aber der Gruppenimpuls ist so stark, dass mir gar nichts anderes möglich ist, als der Bewegungsrichtung der Herde zu folgen. Erst später sehe ich, wie Gimli die Herde zu einer Seite begrenzt. Aber außer, dass er mit etwas Abstand außen läuft, sind kaum Signale für die Richtung zu erkennen.

Gimli sorgt für die seitliche Begrenzung.

Drei Stuten gehen voran, bestimmen aber trotzdem nicht, wohin die Herde zieht.

FÜHRUNG IST VERTRAUEN

Dass eines der Pferde, welches eine Führposition einzunehmen scheint, den Kopf nach unten nimmt und dadurch die Pferde in eine bestimmte Richtung treibt, kann ich während der gesamten Wanderung kein einziges Mal beobachten. Die Pferde laufen einfach vorwärts. Als sich nach über einem Kilometer das Tempo etwas verlangsamt, merke ich, dass ich gar nicht überlegen muss, wo es entlang geht. Mir ist unterbewusst klar, dass wir an der Neuen Plantage vorbei auf den sandigen Aufwerfungen zwischen Alter Plantage und einem aus der früheren landwirtschaftlichen Nutzung übrig gebliebenen Knick in Richtung Birk-Nack ziehen werden.
Es ist schwer zu erklären, aber irgendwie war der Startimpuls so intensiv, dass ich wusste, die Strecke wird etwas länger werden. Außerdem hatte ich nicht das Gefühl, dass die Pferde bei diesem recht hohen Grundtempo einen plötzlichen Richtungswechsel einlegen würden. Das wäre zwar kein Problem für die Koniks, aber normalerweise machen sie abrupte Schlenker nur auf einer Flucht. Jetzt sind die Tiere zwar zügig unterwegs, aber insgesamt entspannt und eher fröhlich. „Woran merkst du, dass die Pferde fröhlich sind?", will mein Freund wissen. „Die Jungtiere nutzen die Aktivität und deuten in der Vorwärtsbewegung ab und zu eine Spielaufforderung zu ihrem Nachbarn an. Außerdem fallen die Pferde immer mal etwas auseinander. Das ist auf einer Flucht anders. Da bleiben alle Pferde und auch die Herden zueinander dicht zusammen und kein Pferd kommt auf die Idee zu spielen", beschreibe ich den Unterschied. Trotzdem gibt es Momente auf der Wanderung, an denen die Pferde dichter zusammenrücken und die Jungtiere nicht mehr herumalbern. Dem voraus geht fast immer eine Reduzierung des Tempos. Die ersten Pferde werden langsamer. „Ein Zeichen dafür, dass ihr am Schlafplatz angekommen seid?", versucht mein Freund das Signal zu deuten.
„Könnte sein, muss aber nicht. Am Ende der Wanderung kommen noch weitere Signale dazu. Jetzt werden die Pferde nur langsamer", fahre ich fort, „bleiben aber in einer leichten Vorwärtsbewegung." Innerhalb weniger Sekunden schließen die hinteren Pferde dadurch auf und die Lücken werden geschlossen. Fast gleichzeitig hat sich auch die seitliche Ausdehnung der Herde reduziert, sodass die Formation der Koniks jetzt einer riesigen

Schlange ähnelt, die sich wie eine nicht aufzuhaltende Boa constrictor langsam durchs Gras schlängelt. Kurz nachdem die Koniks diese Formation eingenommen haben, ändern sie ihre Richtung und biegen links ab, um über einen schmaleren Weg weiter in Richtung Ziegeleiwald zu ziehen."

„Diese Veränderung der Formation bemerkt man bestimmt automatisch, wenn man zwischen den Pferden läuft, oder?", stellt es sich mein Freund vor und fragt aber nach: „Sind es denn nur die vorderen Pferde, die durch die Reduzierung des Grundtempos diesen Richtungswechsel einleiten?" Ich schüttle den Kopf: „Nein, die vorderen Pferde werden langsamer und gleichzeitig verkleinern die Pferde, die außen gehen, den seitlichen Rahmen. Dadurch geht es sehr schnell, dass die Pferde dichter zusammenkommen, wodurch sich ihre Aufmerksamkeit augenblicklich erhöht. Trotzdem werden sie durch die Ruhe der Alttiere aber nicht nervös."

Der eigentliche Richtungswechsel ist ein Zusammenspiel zwischen den vorderen, den seitlichen und manchmal auch den hinteren Pferden. Die vorderen Pferde schlagen eine Richtung ein. Sind die seitlichen und hinteren damit einverstanden, bestätigen sie den Richtungswechsel durch ihre Körperhaltung und es geht weiter. Zeigt ein Althengst, der seitlich oder hinten geht, in eine andere Richtung, ändern die vorderen Pferde den eingeschlagenen Weg oder bleiben, wenn sie ihn für unsicher halten, einfach stehen.

An diesem Abend herrschte wie sehr oft eine Übereinstimmung zwischen den Tieren, die die Führung übernommen haben, und die Herde kam kurze Zeit später an ihrem Schlafplatz an. „Wissen die Pferde automatisch, dass sie angekommen sind, weil sie ihre Schlafplätze kennen?", will mein Freund wissen. „Nein, die Koniks haben ja sehr viele verschiedene Schlafplätze und auf dem Weg sind wir schon an mehreren vorbeigegangen. Jetzt kommen die zusätzlichen Signale dazu. Die ersten Pferde senken ihre Köpfe und beginnen zu grasen", bringe ich dieses wichtige Signal wieder ins Spiel. „Das heißt, während der gesamten Wanderung fressen sie zwischendurch gar nichts?", hakt mein Freund nach. „Doch, nur verändern die Pferde ihr Tempo nicht, weil sie mal ein paar Grashalme abrupfen und ändern auch ihre Richtung nicht, um etwas zu fressen. Das ist dann das dritte Signal, welches den Satz „Wir sind angekommen", vollständig macht. In Pferdesprache übersetzt, sind das folgende Signale: stehen bleiben, den Kopf senken, die Zugrichtung aufgeben sowie grasen oder ruhen.

Ablauf

STANDORTWECHSEL MIT EINER HERDE

— Warten, bis die Pferde sich in Bewegung setzen
— Möglichst in der Mitte aufhalten
— Sich ans Gruppentempo anpassen
— In der Spur des Vorderpferdes bleiben
— Nicht nach rechts oder links ausscheren
— Nicht umdrehen
— Auf das „Angekommen-Signal" achten

Angekommen: Die Pferde sind nicht mehr in Zugrichtung ausgerichtet.

EINE KURZE NACHT

Die Koniks sind in der Nacht dicht zusammengerückt. Nicht nur die einzelnen Pferde der Herde, auch die Herden untereinander. Die Kernzeit der Nacht hat jedes Pferd genutzt, um sich einmal zum Schlafen hinzulegen. Nur die vier Althengste sind stehen geblieben.

Kurz nach drei Uhr morgens dämmert es bereits, doch die Koniks scheint es überhaupt nicht zu kümmern, dass der Tag anbricht. „Richten sich Wildtiere nicht immer nach der Natur und beginnen mit ihren Aktivitäten bei Sonnenaufgang?", möchte mein Freund wissen. „Nein, die Koniks leben zwar im Einklang mit der Natur, und die Jahreszeiten nehmen dabei einen sehr großen Einfluss, aber die Tiere vermeiden, sofern es nicht zwingend notwendig ist, extreme Anpassungen in ihrem Verhalten." Die Koniks beenden zwar im Sommer früher ihre Nachtruhe als im Winter, aber würden sie sich penibel an die Tageslänge halten, könnten sie jetzt zu Mitsommer fast gar keine Nachtruhe halten. Daher dösen sie noch tiefenentspannt, obwohl die Sonne den Himmel bereits in zart leuchtende Farben taucht. „Wenn der Sonnenaufgang nicht das ausschlaggebende Startsignal in den Tag ist, wer bestimmt dann

Die ersten Pferde sind schon wach, verlassen aber noch nicht ihren Schlafplatz.

den Zeitpunkt zum Aufstehen?", möchte mein Freund wissen.
„Wir können das Aufstehen bei Pferden in mehrere Phasen einteilen. Den Schlaf beenden, das Wachwerden, die Aufbruchsstimmung und anschließend das Losgehen, also die erste Aktivität des Tages, bevor dann wieder das Frühstück beginnt", versuche ich den fließenden Prozess zusammenzufassen und ergänze: „Die einzelnen Phasen werden dabei von verschiedenen Tieren eingeleitet."
Etwas irritiert antwortet mein Freund: „Wenn ich morgens in den Stall gehe, um meine Pferde zu füttern, sind sie aber sofort hellwach."
Ich nicke: „Ja, das ist in vielen Ställen genauso. Durch das sofortige Füttern, wenn du in den Stall kommst, überträgst du wieder die stressigen Angewohnheiten von uns Menschen auf die Pferde. Ich weiß, das klingt jetzt etwas arrogant, aber Füttern ist keine natürliche Kommunikation. Das gilt auch für das Geben von Leckerlis."
Ich konnte sehen, dass das meinem Freund überhaupt nicht gefällt. Aber jede Form der Futtergabe löst eine Konditionierung aus, was auf die Schnelle eine Beziehung verbessern kann, langfristig für die Kommunikation aber störend ist.

„Pferde beginnen den Tag gemächlich. Sie würden die Schlummertaste am Wecker lieben."

Gemeinsamer Start in den neuen Tag. Einige Koniks brummeln leise, bevor die Hengste durch Aktivität den Aufbruch einläuten.

LANGSAMER AUFBRUCH

Um in der Tiefe zu verstehen, wie der Aufwachprozess in einer Herde abläuft, ist es das Beste, bei Pferden zu übernachten. In einer lauen Sommernacht ist das keine große Heldentat und hat gleichzeitig einen weiteren riesigen Vorteil: Wir wachsen zusammen. Ich denke, jeder kennt das, dass wenn wir woanders übernachtet haben, am nächsten Morgen alles viel vertrauter ist. Nicht nur die Umgebung, sondern auch die Menschen. Das ist ja sogar der Fall, wenn wir mit einer Gruppe in einem Hotel, egal ob im Urlaub oder für eine Fortbildung, übernachtet haben, jeder in einem Einzelzimmer war und wir am nächsten Morgen in den Frühstücksraum kommen. Übernachten wir jetzt draußen bei den Pferden, kommen da noch drei weitere Faktoren dazu. Wir bleiben in der Gruppe und befinden uns nicht mehr in einem von einem Gebäude geschützten Raum.
Die Herde ist es jetzt, die uns Sicherheit bietet. Und da wir uns im Moment ja noch in der dritten Beziehungsphase befinden, brauchen wir auch keine Wache halten. Es ist für viele Reiter ungewohnt, die Kontrolle an ihre Pferde abzugeben, doch ist es eine wichtige Erfahrung, zu spüren, was Vertrauen bedeutet. Dadurch wird uns erst bewusst, wie viel wir von einem Pferd verlangen, wenn wir erwarten, dass es uns vertraut. Für mich persönlich wurde durch die verschiedenen Situationen, in denen ich Pferden die Kontrolle überlassen habe, der Unterschied zwischen Vertrauen und Gehorsam deutlich.
„Woran merke ich, ob mein Pferd mir nur gehorcht oder ob es mir vertraut?", will mein Freund wissen. „Unter Gehorsam verstehen wir ja, dass jemand anderes genau das macht, was wir wollen. Dieser exakte Gehorsam ist für Pferde, außer in Gefahrensituationen, unnatürlich. Vertrauen setzt dagegen nicht gleichzeitig das Ausführen eines Kommandos voraus. Wir können einander vertrauen, ohne dass wir das Gleiche machen", beschreibe ich diesen wichtigen Unterschied. Genau das passiert in der Ruhephase der Nacht. Ich vertraue den wachenden Pferden und schlafe, solange sie ruhig sind. Ganz automatisch verstärkt sich dabei das Zusammengehörigkeitsgefühl, sodass du morgens gar nicht auf die Idee kommst, aufzustehen und wegzugehen. Das Gegenteil ist der Fall. Du hörst an den Atemgeräuschen der Pferde, welches noch tief

schläft und welches schon aufgewacht ist. Die im Stehen ruhenden Pferde und auch die, die Wache halten, haben dagegen alles im Blick und registrieren genau, wann welches Tier aufsteht. Ich muss mich dabei trotzdem immer zur Langsamkeit zwingen. Denn auch wenn ich da draußen zwischen den Pferden mehr zur Ruhe komme als zu Hause, ist es für mich ungewohnt, das Aufstehen über mindestens eine Viertelstunde auszudehnen.

„Was!", ist mein Freund verwundert, „ich kann problemlos morgens eine ganze Stunde im Bett liegen bleiben, bevor ich aufstehe." „Interessant, oder?", gebe ich zu bedenken, „ich muss üben langsam aufzustehen und du solltest darauf achten, nicht sofort zu deinen Pferden zu laufen." Mein Freund nickt: „So hat jeder seine Baustellen, aber dass wir alle verschieden sind, macht das Leben ja so facettenreich", fügt er hinzu.

DAS STARTSIGNAL

Fast alle Koniks sind schon wach, als ein leises, tiefes Brummeln ertönt. Kurz darauf brummelt ein weiteres Pferd und wenig später ein drittes. Bewegung ist aber immer noch nicht zu sehen. Alle Pferde bleiben noch auf ihrem Platz. Die ersten Tiere, die kurz darauf ihren Standort verlassen, sind die Althengste. Sie gehen nun in ihren Herden umher und lösen damit Aktivität aus. Sie gehen aber nicht an den Rand ihrer Gruppen oder schlagen einen Weg zu einem neuen Weidegebiet ein, sondern signalisieren durch ihre Aktivität innerhalb der Herde den baldigen Aufbruch. Kurze Zeit später machen sich ein paar Stuten langsam auf den Weg und rupfen im Gehen schon einmal ein paar Grasbüschel ab. Die Hengste warten dagegen auf die letzten Jungtiere, die noch nicht aufgestanden sind.

Michel hat in seiner Herde zeitgleich mit Olko und Gimli aus den Nachbarherden die erste Fressphase begonnen.

01

DER STUNDENPLAN

— *Alles zu seiner Zeit*

Die einfachste Regel der Kommunikation ist für Menschen meist die schwierigste. Pferde achten sehr darauf, in welcher Phase sie sich gerade befinden und passen ihre Gespräche der jeweiligen Aktivität an.

Kinder kennen es aus der Schule. In der Mathestunde müssen alle, während der Lehrer an der Tafel etwas vorrechnet, still sitzen. Im Chemieunterricht mischen die Schüler dagegen gemeinsam mit ihrem Sitznachbarn ein paar Flüssigkeiten zusammen, um ein Experiment nachzumachen, während beim Schulsport die gesamte Klasse zusammen in Bewegung ist.
Auch Pferde teilen sich ihren Tag ein und sind es gewohnt, dass sich alle an das jeweilige Fach halten, nur dass ihre Fächer nicht Mathe, Chemie oder Sport sind. Auf dem Stundenplan der Pferde stehen Wandern, Ruhen, Fressen, Fellpflege und Spielen. Dazu kommen später für die älteren Tiere noch Fächer wie Wache halten, Erziehung oder Kontakte zu anderen Herden pflegen hinzu.
Das Schöne dabei ist, dass Pferde sich bei jeder Aktivität verständigen. Daher können wir jederzeit mit ihnen kommunizieren, nur sollten wir unser Verhalten an ihren Stundenplan anpassen. Machen wir das, haben wir die Grundlage für ein gutes Gespräch geschaffen und können durch diese harmonisch verlaufenden Dialoge eine stabile Beziehung aufbauen. Allerdings müssen wir dabei noch etwas beachten: Jedes Pferd hat seinen eigenen Charakter und auch auf diesen sollten wir unsere Kommunikation abstimmen.

03

02

01 Während einer Fressphase vermeiden Pferde direkten Körperkontakt. Daher sollten auch wir ein Pferd bei der Nahrungsaufnahme nicht anfassen oder streicheln.

02 Bei einem Standortwechsel nutzen Pferde mehrere Kommunikationskanäle. Diese sollten wir im jeweils passenden Moment ansprechen.

03 Freie Zeit am Nachmittag. Jedes Pferd kann einer individuellen Aktivität nachgehen. Die Junghengste nutzen sie für intensive Laufspiele.

Olko ist im April 2001 geboren und ist damit einer der beiden Senioren auf der Birk. In seinen besten Jahren führte er eine Herde von 38 Pferden. Mittlerweile ist seine Herde kleiner geworden, aber sein liebevoller Umgang mit den Junghengsten ist geblieben.

WIE DIE ZWEIGE IM WIND

Als zwanzigjähriger Hengst gehört Olko zu den Senioren. Während zu seiner Blütezeit fast vierzig Koniks zu seiner Herde zählten, führt er jetzt nur noch eine kleine Herde. Sein Wesen ist aber unverändert, nur ist er im Laufe der Jahre etwas ruhiger geworden.

Ein Typ seines Schlages ist selbst im fortgeschrittenen Alter noch aktiver als die meisten anderen Pferde. Nur ein anderer Herdenhengst auf der Birk und die Junghengste sind auf den ersten Blick mehr in Bewegung als der in die Jahre gekommene Olko. Schauen wir uns aber das Verhalten von Olko genauer an, bemerken wir, dass er auch heute noch einen Großteil des Tages in Bewegung ist. Nur sind seine Aktivitäten gemäßigter als die der jüngeren Hengste. Impulsive, kraftvolle Aktionen startet er nur noch, wenn es unbedingt notwendig ist. Die meiste Zeit ist er im ruhigen Schritt von Pferd zu Pferd unterwegs und pflegt intensive Kontakte zu den Tieren aus seiner Herde. Das war schon immer so.
„Wenn du ständig im Kontakt mit bis zu vierzig Pferden bist, hast du aber eine Menge zu tun", ist mein Freund beeindruckt und fragt: „Wie schafft er das?" „Zunächst ist er natürlich topfit, wobei sich seine Fitness und sein durchtrainierter Körper gegenseitig bedingen. Und die Aktivität ist sein Element, er mag die Kontakte zu den anderen Pferden und die Bewegung.
„Ist das typisch für einen Leithengst?", will mein Freund wissen. „Oh, Olko ist kein Leithengst", antworte ich umgehend. Mein Freund ist erstaunt und hakt nach: „Aber wenn er die größte Herde hatte, muss er doch", ich unterbreche ihn. „Nein, muss er nicht. Olko hatte nur so eine große Herde, weil er so überdurchschnittlich tolerant ist. Dadurch sind sogar viele Junghengste in seine Herde gekommen.
Dass Olko sie mühelos in seine Herde integrieren konnte, beweist, dass er ein souveräner Herdenhengst ist. Sichtlich begeistert von Olkos Erscheinungsbild fragt mein Freund: „Wenn ich mir einen Hengst dieses Kalibers kaufen würde, auf was sollte ich dann im Umgang achten?"
Theoretisch ist das ganz einfach, daher meine kurze Antwort: „Du darfst ihn nicht begrenzen. Weder in der Bewegungsfreiheit noch im Kontakt mit anderen Pferden."
Fragend hebt mein Freund die Augenbrauen: „Und wenn das doch passiert?" Dann wird aus solchen Pferden ein Hengst, dessen Beschreibung wir häufig hören: „Du musst aufpassen, der ist aggressiv und dominant", wird das Verhalten dann gerne auf das Wesen geschoben, anstatt zu erkennen, dass das Pferd nur ins Ungleichgewicht geraten ist. Um das wieder zu beheben, genügt es, ihm einfach mehr Freiraum zu geben.
„Das heißt, es gibt in der Natur keine Aggressivität?", bohrt mein Freund nach. „Nicht innerhalb einer Herde", präzisiere ich meine Aussage.

Fest verwurzelt in seiner Herde, ist er immer noch viel in Bewegung.

Dynamisch und kraftvoll. Trotzdem braucht kein Pferd Angst vor Olko zu haben. Direkter Körperkontakt ist selten.

AM RAND DER HERDE

Begibt sich Olko an den Rand seiner Herde, um sie enger zusammenzutreiben, wird sein Auftreten bei Bedarf kraftvoller und dynamischer. Der Wechsel von seinen ruhigen Bewegungen zu schnellen Impulsen sorgt für eine unübersehbare Klarheit seiner Signale. „Ist das eine Form der Kommunikation, die nur zwischen Pferden stattfindet oder treibt er dich auch zurück in die Herde, wenn du dich zu weit entfernt hast?“, fragt mein Freund ungläubig.

„Wenn du Teil der Herde bist, ist das eine logische Konsequenz“, antworte ich locker, worauf mein Freund verunsichert erwidert, „du lässt dich von einem Hengst zurück in die Herde treiben, ist das nicht gefährlich?“

„Nein, überhaupt nicht. Als mich Olko das erste Mal, lange Zeit nachdem er mich in seine Herde eingeladen hatte, zu den anderen Koniks zurückgetrieben hat, war das so ziemlich das Coolste, was ich je erlebt habe. Aus Sicht der Pferde heißt das ja, dass du ein so fester Bestandteil der Herde geworden bist, dass du dich nicht mehr entfernen darfst. Erst nach diesem Erlebnis habe ich mir wirklich Gedanken darüber gemacht, auf welchem Weg ich eine Herde wieder verlassen kann und die verschiedenen Optionen in die fünfte Beziehungsebene mit aufgenommen.“ Mein Freund wirkte etwas sprachlos und möchte noch einmal den Unterschied zwischen der „Einladung in die Herde“ und dem „in die Herde treiben“ wissen.

„Das Einladen in die Herde ist ein auf Freiwilligkeit basiertes Begleiten in die Herde. Das Treiben ist eine klare Anweisung, augenblicklich wieder zur Herde zurückzukehren. Letztendlich ist es die Konsequenz, dass, wenn ich zur Herde gehöre, ich mich auch an ihre Regeln halten muss. Aber es ist völlig ungefährlich, denn in dem Moment, wo du dich auch nur ansatzweise wieder in Richtung der Herde bewegst, beendet Olko das Treiben sofort oder reduziert zumindest seine Signale sehr stark“, stelle ich den Unterschied klar. Die körperbetonte Kommunikation kommt, nachdem man eine längere Zeit bei den Pferden verbracht hat, nicht überraschend, da Olko diese Methode regelmäßig verwendet, um seine Herde zusammenzuhalten. Das macht es sehr einfach, mit ihm zu kommunizieren.

Außerdem vermeidet Olko direkten Körperkontakt. Die Freiheit, die er für sich selbst beansprucht, gesteht er genauso jedem anderen zu.

Und generell scheint es so, dass die Althengste Rücksicht darauf nehmen, dass wir als Menschen in der Kommunikation etwas eingeschränkt sind. Trotzdem sollte ich beachten, dass ich Olko niemals meine Nähe aufzwinge. Das mag er nämlich überhaupt nicht. Passiert das aus Versehen doch einmal, zeigt er genauso deutlich wie beim Treiben, dass er mehr Platz braucht.

„Das ist dann zum Beispiel das Wegjagen eines Junghengstes, wobei Olko dem dann auch in die Schweifrübe oder in die Hinterhand beißt?", versucht mein Freund zu verstehen. „Nein, Olko kommuniziert zwar gerne über kraftvolle und körperliche Signale, vermeidet aber innerhalb seiner Herde jeden Kontakt, der zu einer Verletzung führen könnte. Das Vertreiben, was du meinst, ist das Wegjagen eines Hengstes, der nicht zu seiner Herde gehört. Aber selbst dabei ist es selten, dass Olko richtig zupackt. Dann muss der Junghengst schon vorher einige Signale missachtet haben. Andere Herdenhengste sind in diesen Situationen nicht so nachsichtig." Innerhalb einer Herde gibt es aber nirgendwo Aggression zwischen den Pferden, weshalb es so wichtig ist, dass wir durch unsere Kommunikation genau definieren in welchem Beziehungsverhältnis wir uns befinden.

Der Charakter eines Pferdes zeigt sich auch in den sozialen Interaktionen. So spielt Olko zwar viel mit seinem Nachwuchs und fordert ihn sogar regelmäßig dazu auf, ist aber selten bei der sozialen Fellpflege zu sehen. Er kratzt sich lieber mal an einem umgekippten Baum, wenn ihm das Fell juckt. Sein Wunsch nach persönlichem Freiraum zeigt sich auch beim Ruhen. Olko steht zwar nicht abseits, sondern gerne zwischen seinen Lieblingsstuten und seinen Fohlen, hält dabei aber immer etwas Abstand. Gerade, weil die Stuten seinen typbedingten Wunsch nach Freiraum erfüllen, sind das die seltenen Momente, in denen er ganz zur Ruhe kommt. Wir brauchen also nur beobachten, wie seine Lieblingsstuten mit ihm umgehen und können die Art der Kommunikation in unsere Gespräche mit Pferden seines Typs einbauen.

Aber selbstverständlich gibt es auch Stuten, die ein vergleichbares Wesen haben wie Olko. Bei ihnen ist die Aktivität allerdings weniger stark ausgeprägt, da Stuten generell zurückhaltender und ruhiger sind. Das Bedürfnis nach individuellem Freiraum und die Nachsichtigkeit besonders gegenüber Jungtieren ist aber ähnlich stark. Bei Hauspferden sind es häufig Stuten dieses Typs, die die Rolle des Hengstes übernehmen, wenn in der Gruppe kein geeignetes männliches Tier lebt.

Die Stute Ketupa (geb. April 2005) hat sich erst im Jahr 2018 Olko angeschlossen.

DER DAS FEUER ENTFACHT

Ein Charakter zeigt sich zu Beginn des Sommers bei den Junghengsten in reinster Form. Es sind nämlich die Jungs, die durch ihre Energie und Kontaktfreudigkeit fast die gesamte Aufmerksamkeit auf sich ziehen. Unermüdlich sind sie in Aktion und präsentieren sich wie Showstars.

Dieser Typ Pferd verwandelt tatsächlich seine Umgebung in eine Bühne. Von Weitem sichtbar startet er impulsive Annäherungsversuche und will dabei die Aufmerksamkeit der Stuten gewinnen. „Das ist jetzt aber genau das Gegenteil von dem, was du bisher erzählt hast", gibt mein Freund zu bedenken. Ich stimme ihm zu: „Du hast recht, ich werde dir am Beispiel des zweijährigen Rapphengstes Romek verdeutlichen, wie gravierend sich die Unterschiede im Temperament auf die Kommunikation und das anschließende Zustandekommen einer Beziehung auswirken."

Romek gehört zu einer Gruppe von fünf bis sechs Junghengsten. Manchmal ist es tatsächlich schwer zu sagen, wie viele Tiere zu einer Gruppe gehören. Das liegt daran, das einige noch nicht endgültig ihre Herde verlassen haben und im-

Im Alter von drei Jahren wird das energiegeladene Temperament von Romek am deutlichsten. Er kommt kaum zur Ruhe.

mer noch mal zurück in ihre Geburtsherde gehen. Wir können das durchaus mit Teenagern vergleichen, die übers Wochenende auf dem Swutsch sind und in der Woche zurück zu Mama kriechen.
Dieser allmähliche Abnabelungsprozess ist bei vielen Pferden ähnlich. Romek kehrt allerdings nicht mehr zurück in seine Geburtsherde und ist voller Tatendrang. Seine Intention ist es nicht, von einer anderen Herde aufgenommen zu werden, sondern eine Stute aus einer Herde zu überreden, sich ihm oder seiner Junggesellengruppe anzuschließen. „Okay, jetzt verstehe ich den Unterschied zu unserer Vorgehensweise bei der Annäherung an eine Herde", sagt mein Freund sichtlich erleichtert. „Genau", stimme ich zu, „es gibt ganz unterschiedliche Gründe und Arten der Kontaktaufnahme, und uns muss immer bewusst sein, welche wir nachahmen."

Anhaltende Hengstspiele am Abend. Romek scheint nie müde zu sein.

„Das jugendliche Feuer muss unter Kontrolle gehalten werden."

Karl, einer der Althengste, greift ein und erteilt Romek einen Verweis. Weitere werden folgen.

EINE STUTE IM VISIER

Während ein Pferd und auch wir, wenn wir uns einer Gruppe anschließen wollen, auf das Entgegenkommen des Althengstes warten, versucht Romek fokussiert auf eine bestimmte Stute auf direktem Weg in die Herde einzudringen und Kontakt zu diesem Pferd aufzunehmen. Ich sehe, wie es im Kopf meines Freundes rattert und er versucht eine vergleichbare Situation bei seinen Pferden zu Hause zu finden.

„Ja, richtig", helfe ich ihm, „wenn ein Mensch auf direktem Weg zu einem Pferd auf der Weide geht, macht er, sofern er nicht als Herdenmitglied angesehen wird, das Gleiche wie Romek. Er signalisiert, dass er ein Pferd aus der Herde entführen will."

Ein Herdenhengst toleriert dieses Verhalten nicht und jagt den Eindringling davon. Nur, wenn der Junghengst es auf eine Stute abgesehen hat, die bereits Interesse an ihrem Verehrer zeigt und sich sowieso schon im Abnabelungsprozess befindet, greift der Althengst nicht groß ein.

Bei Hauspferden ist die Reaktion des Tieres, welches die Rolle des Hengstes übernommen hat, nicht so ausgeprägt wie bei einem Hengst, der eine Herde mit Stuten und Nachwuchs führt. Trotzdem sind abwehrende Reaktionen auch bei Hauspferden zu sehen, wenn ein Pferd aus der Gruppe genommen wird. Häufig wird das Verhalten dann als Eifersucht beschrieben, dabei ist es einfach nur ein Abschirmen der Gruppe. Etwas abgemildert ist dieses Sich-Verschließen bei unseren Hauspferden zu sehen, wenn sie vorm Menschen weglaufen und dadurch zeigen, dass sie nicht möchten, dass jemand Fremdes in ihre Gruppe kommt.

Romek spürt diese Ablehnung stärker. Er wird wechselseitig von den beiden Herdenhengsten Karl und Gimli konsequent verjagt. Bei der Herde von Michel unternimmt er keinen Annäherungsversuch, und auch von Olkos Herde hält er sich fern. Obwohl beide Althengste es sicherlich zulassen würden, dass sich Romek ihren Herden anschließt und als Nachwuchshengst in ihr lebt. Aber das will der feurige Rappe nicht. Er hat sich offensichtlich in eine ältere Stute verguckt und startet einen Annäherungsversuch nach dem anderen. Diese Fixierung auf ein anderes Pferd ist typisch für diesen Charakter. Da sich Romek bei einer heftigen Abwehraktion eines Althengstes leider unglücklich verletzte und die offene Wunde sich später stark entzündet hat, wurde er eingefangen und kam zur Pflege in einen Stall in Eckernförde. Die neuen Besitzer haben schon mehrere Koniks von der Birk adoptiert, sodass er dort ein gutes Zuhause gefunden hat. Mittlerweile ist die Wunde gut verheilt. Seine Kontaktfreude und Neugierde ist für sein Leben in der Nähe des Menschen vorteilhaft, denn sie erleichtern es uns, mit ihm zu kommunizieren und eine Beziehung aufzubauen. Dazu ist ein Wechsel im Alter von drei Jahren ein guter Zeitpunkt. Auf die Birk zurückkehren wird Romek nicht mehr, denn einem Konik, der einmal in Menschenhand war, bleibt der Zutritt verwehrt. Eine wichtige Regel, um die Wildheit der Koniks zu erhalten.

FEURIGE STUTEN

Stuten mit diesem Hauptcharakterzug sind nicht so deutlich zu erkennen. Selbst wenn Stuten aktive Annäherungsversuche starten, werden sie nicht verjagt. Aber Stuten sind dabei sowieso viel geschickter. Ist eine junge Stute dieses Typs auf Partnersuche, entfernt sie sich etwas von ihrer Herde und wartet auf einen Junghengst oder läuft ihm sogar hinterher.
„Und das lassen die Hengste zu?“, ist mein Freund verwundert. „Nach dem Prinzip Reisende soll man nicht aufhalten, lassen fast alle Althengste Jungstuten ziehen. In den meisten Fällen sind es ja sowieso ihre Töchter und an denen haben sie wenig Interesse.“
Haben Stuten dieses Typs ihr erstes Fohlen bekommen, richten sie fast ihre gesamte Energie auf ihren Nachwuchs und halten fast ständig engen Kontakt zu ihm. Genauso treu sind sie ihrer Herde, denn haben sie einmal ihr Herz verschenkt, gehen sie voll in ihrer Aufgabe auf. Werden sie älter, lösen sie häufig die Aktivität und einen Standortwechsel aus und gehen oft an der Spitze der Herde.

Romek hat den richtigen Spielpartner gefunden. Kontaktfreudig und verspielt.

VIER HUFE AUF DER ERDE

Als zehnjähriger Hengst steht Gimli in der Blüte seines Lebens und befindet sich gleichzeitig am Scheideweg. Hat er das Potenzial, um der neue Leithengst des Herdenverbandes zu werden? Ein wesentlicher Charakterzug ist dafür bei ihm vorhanden: Er verbindet Herden.

Vor ein paar Jahren war Gimli noch ein unauffälliger Hengst. Seine Herde hatte schon eine beachtliche Größe und war auf dem Weg, die größte auf der Birk zu werden. Auch tolerierte er lange Zeit einen seiner erwachsenen Söhne in seiner Gruppe, den er dann vor einem Jahr aber doch aus seiner Herde jagte.

Das war auch der Zeitpunkt, an dem er sich von einem gemütlichen Gesellen, der die meiste Zeit des Tages friedlich zwischen seinen Stuten graste, zu einem aktiveren Herdenhengst entwickelte. Während man damals genau hinschauen musste, um ihn zwischen den anderen Tieren seiner Herde ausfindig zu machen, sticht er heute schon von Weitem aus seiner Gruppe hervor.

Dieser scheinbare Unterschied hat komischerweise die gleiche Grundlage: seinen verbindenden Charakter. Nur war er früher ausschließlich das Bindeglied zwischen den Pferden seiner Herde und heute hat er sich weiterentwickelt und zeigt Interesse daran, zusätzlich eine Art Vermittler zwischen den Herden zu sein. Das muss nicht immer diplomatisch vonstatten gehen, sondern kann auch regulierender Natur sein. Dafür ist er auch jederzeit bereit, seine Körpermasse einzusetzen. Sein Erscheinungsbild ist allerdings längst nicht so beeindruckend muskulös wie Olkos. Gimli wirkt im Stehen eher gemütlich und weich. Das spiegelt sich auch in seiner Art sich zu bewegen wider. Begibt er sich zwischen zwei Herden, geht er ruhig an eine strategisch günstige Position und bleibt dort lange stehen. Nicht selten verbringt er seine Ruhephasen auf halber Strecke zwischen seiner Herde und einer Nachbargruppe. „Das hört sich jetzt umgänglicher an, als die anderen beiden Typen, die du beschrieben hast," bemerkt mein Freund interessiert und fügt hinzu: „Wäre Gimli das ideale Reitpferd für mich?" „Perfekt", ich lache ironisch, „Gimli ist toll zu reiten, ich galoppiere jeden Abend auf ihm am Strand entlang in den Sonnenuntergang." Mein Freund streckt mir die Zunge raus: „Bäh, sehr witzig. Du weißt genau, was ich meine." Da wir uns schon sehr lange kennen, ist mir natürlich klar, dass mein Freund ein Pferd mit Gimlis Charaktereigenschaften meint.

Ein Konik wäre für ihn und auch für mich, die wir beide um die 1,90 Meter groß sind, zu klein zum Reiten. Außerdem werden die Koniks, die auf der Geltinger Birk zur Adoption freigegeben werden, sorgsam ausgewählt, damit die Herdenstrukturen nicht auseinandergerissen werden, weshalb die Alttiere nach Möglichkeit bis zu ihrem Lebensende auf der Birk bleiben.

Mit dem nötigen Ernst sage ich: „Ja, dieser Typ Pferd würde gut zu dir passen. Noch mehr hätte ich mich aber über die Frage gefreut, ob er gut zu den Pferden, die du bereits hast, passt." Mein Freund verzieht sein Gesicht: „Autsch, ich denke schon wieder nur an mich."

„Da bist du nicht alleine", beruhige ich ihn, „ich habe mir früher auch nie Gedanken gemacht, wie ein neues Pferd zu meinen anderen passt. Alles andere war immer wichtiger. Aussehen, Ausbildung, Gesundheit, zwar auch der Charakter oder wie Züchter sagen „das Interieur", allerdings ging es dabei immer nur darum, wie das Pferd zu mir passt. Was durchaus vernünftig ist, aber die meiste Zeit verbringt unser Pferd nun einmal in der Gruppe mit seinen Pferdekumpels."

„Gimli ist ein geselliger Hengst, der Pferde verbindet."

In jüngeren Jahren war Gimli zwischen seinen Stuten fast nicht zu erkennen.

EIN GIMLI PASST IMMER

Die gute Nachricht ist, dass ein Pferd von Gimlis Typ immer passt. Im Prinzip verrät ja schon seine Geselligkeit, dass er mit allen Pferden gut auskommt. Trotzdem gibt es etwas, was er gar nicht mag, und dass ist, wenn ein Pferd die Ruhe und Harmonie der Gruppe stört. Dann wird er zum Bulldozer und walzt ohne Rücksicht auf Verluste alles nieder. Genauso körperlich aufbrausend kann er werden, wenn seine Gruppe getrennt wird. Er selbst kommt zwar gut damit klar auch mal abseits seiner Herde zu stehen, muss aber jederzeit die Möglichkeit haben, zu seiner Gruppe zurückzukehren. Bei Stuten dieses Typs ist diese Gruppenbindung übrigens noch stärker ausgeprägt. Stuten haben ja eh generell schon eine engere Bindung untereinander, aber stehen sie in diesem Typ, wird ein Ausritt, solange ihre Freundinnen nicht dabei sind, garantiert kein Vergnügen.
„Na ja, wenn man bedenkt, wie du die gemeinsame Wanderung der Koniks geschildert hast, sollte man wohl sowieso nicht einen Ausritt mit einem einzelnen Pferd machen", erinnert sich mein Freund. Ich nicke: „Ja, Pferde sind nun einmal Herdentiere. Trotzdem gibt es Pferde, die sind eigenständiger und welche, die, ich sage es mal im Pferdejargon: kleben stärker."
Für die Gruppenhaltung ist das, solange sie nicht getrennt werden, ideal. Sie sind besonders sozial und bringen Ruhe in die Herde. „Ihr gemütliches Wesen sollten wir auch bei der Körpersprache berücksichtigen", spanne ich den Bogen zur Kommunikation. Ein ruhigeres Pferd gibt auch unauffälligere Signale. Die Pferde kennen das und bemerken das sofort, reagieren aber manchmal auch etwas langsamer darauf, also angepasst auf ihr Wesen.
Mein Freund hätte gerne ein konkretes Beispiel und fragt: „Wie sieht das in der Praxis aus?"
„Nehmen wir die Ruhephase am Vormittag", schlage ich vor. „Eine Stute von Gimlis Typ wird nicht aktiv auf mich zukommen, um neben mir zu ruhen. Sie geht aber auch nicht weg, sondern stellt sich in meine Nähe und wartet darauf, dass ich näherkomme. Ich darf allerdings nicht ganz zu ihr hingehen, sondern muss ein bis zwei Meter kurz vor ihr stehenbleiben, damit sie den Abstand festlegen kann. Gibt man ihr die Zeit, kommt sie meist nach wenigen Minuten sehr nah, vermeidet aber eine Berührung. Das

muss ich dann unbedingt respektieren."
„Ist das bei Gimli genauso?", fragt mein Freund nach. „Ja, Gimlis Kommunikation unterscheidet sich, wenn er sich einer Stute zum Ruhen nähert, nur kaum. Zwischen Hengsten ist die Annäherung allerdings nicht ganz so zurückhaltend", beschreibe ich die Unterschiede. Hengste und Stuten dieses Typs haben gemeinsam, dass sie geerdet sind und Veränderungen in ihrem Umfeld nicht mögen oder lange brauchen, um sich daran zu gewöhnen. Deshalb ist es immer gut, ihnen noch mehr Zeit zu geben als anderen Tieren. Hat sich aber erst mal eine Freundschaft entwickelt, ist diese Beziehung auch sehr harmonisch und ausgeglichen. Im Laufe der Zeit kann man dann beobachten, dass der Freundeskreis dieser Pferde wächst und sie zu allen Tieren ein ungefähr gleich gutes Verhältnis haben.

EIN LANGER WEG

Das ist auch der Vorteil, den Gimli hat, wenn er als Bindeglied zwischen den Herden fungiert. Er kann mit allen Herden, und damit auch mit deren Hengsten, einigermaßen gleich gut befreundet sein, nur dauert es recht lange, bis er die Beziehungen aufgebaut und gefestigt hat. Vor Gimli liegt also noch ein langer Weg, bevor er die Führung vom Herdenverband innehaben könnte. Diese Position wird zurzeit noch von seinem Vater, der vierzehn Jahre älter ist, besetzt und der zeigt noch keinerlei Anzeichen, diese Aufgabe abzugeben. Außerdem steht noch ein weiterer Hengst in den Startlöchern. Der acht Jahre alte Michel hat, da er ein ganz anderer Typ ist, das Potenzial für ganz große Aufgaben, nur wird er sich noch mehr Zeit lassen als Gimli und seine Kräfte schonen.

Typisch Gimli: Einsatz seiner Körpermasse.

Gimli ist ein üppiger Hengst mit weichen Bewegungen.

Nur selten präsentiert sich Michel (geboren 2013) so stolz. Seine Herde ist ausgesprochen stabil und steht immer dicht zusammen.

MAGNETISCHE ANZIEHUNG

Michel ist mit acht Jahren noch recht jung für einen Hengst, der eine eigene Herde führt. Er wirkt trotzdem routiniert und seine Herde bleibt, ohne dass er aktiv werden muss, dicht zusammen. Körperliche Auseinandersetzungen vermeidet er, indem er sich souverän und auf den Punkt präsentiert.

Zu seiner Herde zählten von Beginn an ungewöhnliche viele erfahrene Stuten. Und genauso wie in Olkos Herde müssen die jungen Hengste Michels Herde nicht verlassen. Trotzdem unterscheiden sich die beiden Führungsstile der Hengste gewaltig. Was sie dagegen verbindet, ist die Fähigkeit, große Herden zu führen. Aber während Oklos beste Zeit in seinen jungen Jahren lag, liegt die Zeit, in der Michel sein volles Potenzial geltend machen wird, noch weit in der Zukunft. Da er bereits bei seiner Herdengründung mühelos fast zwanzig Koniks an sich binden konnte, können wir Großes von ihm erwarten.

„Das heißt, du kannst die Karriere eines Pferdes voraussehen", fragt mein Freund zweifelnd. „Na ja, Karriere ist ein sehr menschliches Wort. Aber tatsächlich können wir aufgrund des Charakters und des Umfeldes eines Pferdes sehr genau abschätzen, wie es sich entwickeln wird und welche Aufgaben es wann in der Herde übernehmen wird, ob es später seine Gruppe wechselt und welche Funktion es im Herdenverband einnimmt. Natürlich können unvorhergesehene Ereignisse das beeinflussen, aber wenn für Michel alles rund läuft, wird er eines Tages den Herdenverband als Leithengst lenken", antworte ich selbstsicher.

„Woher nimmst du diese Gewissheit?", hinterfragt mein Freund meine Behauptung. „Ich kenne andere Wildpferdehengste, die im gleichen Typ stehen wie Michel und die schon älter sind. Ihre Herden wuchsen bis zu einer Anzahl von sechzig Pferden an, wobei die Hengste, genauso wie Michel, kein Pferd aktiv in ihre Herde holten. Je größer die Herden wurden und je älter die Hengste, desto mehr rücken sie ins

„Ohne jede Aktivität zieht Michel die Pferde seiner Herde an wie ein Magnet."

Zentrum des Herdenverbandes. Die anderen Gruppen formieren sich dann automatisch um sie herum."

Der Grund für diesen Automatismus liegt im Wesen dieser Tiere. Sie vermeiden so viele Hengstkämpfe wie möglich, indem sie ihre Herde rechtzeitig aus der Schusslinie nehmen. Spüren sie, dass Unruhe im Herdenverband aufkommt, bringen sie sich vorausschauend in die ideale Ausgangsposition und präsentieren ihre Entschlossenheit, ohne dabei kämpfen zu müssen.

„Das hört sich jetzt eher nach kleinen Feiglingen an", entgegnet mein Freund. „Das Gegenteil ist der Fall. Sie zeigen durch ihre punktgenaue Präsenz, dass sie bereit sind für einen Kampf, es aber nicht für nötig halten. Diese Entschlossenheit spüren die anderen Hengste und drehen meist ab." „Meist heißt nicht immer", unterbricht mich mein Freund. Karl, der amtierende Leithengst, hat die Konsequenzen vor ein paar Jahren zu spüren bekommen. An einem Abend im Dezember, kurz vorm Dunkelwerden, hat er den damals fünfjährigen Michel zu einem Kampf herausgefordert. Michel hat selbstverständlich nicht gekniffen, Karl ging schwer beschädigt aus diesem Konflikt heraus und zog sich zur Erholung in seine Herde zurück. Trotzdem hat Michel seinen Vorteil nicht ausgenutzt und weder Karl noch einen anderen Herdenhengst zum Rangkampf herausgefordert."

ENG ZUSAMMEN

Für Menschen ist die Rangordnung häufig das Wichtigste. Für Pferde ist das anders. Für sie ist eine klare Ordnung von großer Bedeutung. Es ist wichtig, dass genau festgelegt ist, welches Pferd oder welche Herde in welcher Situation welche Aufgabe übernimmt. Ein Hengst, der einem anderen körperlich überlegen ist, übernimmt deshalb noch lange nicht die Führung des Herdenverbandes. So ist das zurzeit auch noch bei Michel. Er konzentriert sich einfach weiter auf die Führung seiner Herde. Für ihn ist das Wichtigste, dass seine Herde eng zusammenbleibt und das Beständigkeit und Ruhe herrscht. Der Charakter des Herdenhengstes überträgt sich also automatisch auf die gesamte Herde. „Heißt das, dass alle Pferde in einer Herde den Charakter des Herdenhengstes übernehmen?", fragt mein Freund verdutzt. „Nein", antworte ich bestimmt, „das Gesamtbild der Herde spiegelt den Charakter des Hengstes wider. Die Charaktere der einzelnen Pferde verändern sich nicht". Da mein Freund noch immer fragend guckt, fahre ich fort: „Die Herde geht genauso wie ihr Hengst Konflikten oder unruhigen Situationen aus dem Weg. Außerdem hält sie sich am Rand des Herdenverbandes auf. Genauso wie Michel die meiste Zeit am Rand seiner Herde zu finden ist, und bei einer Wanderung fast immer am Ende geht. Eine seiner ältesten Stuten, eine Rappstute, die das gleiche Temperament wie Romek hat, läuft dagegen an der Spitze der Herde." Jetzt nickt mein Freund verständnisvoll und kombiniert: „Ist das normal, dass die Lieblingsstuten der Hengste meist einen anderen Charakter haben oder sogar genau das Gegenteil verkörpern?" Ich übernehme sein Nicken zustimmend. „Ich

Das weibliche Gegenstück zu Michel: Die Stute ist genauso ruhig und bedacht wie ihr Sohn.

Michel toleriert mehrere Nachwuchshengste in seiner Herde.

muss also, um mit einem Pferd wie Michel zu kommunizieren, nicht wie er sein?", schlussfolgert mein Freund. „Zum Glück nicht, sonst hätten wir auch ein riesiges Problem", antworte ich, „wir sollten auf keinen Fall versuchen, unseren eigenen Charakter zu verstecken oder zu verstellen. Abgesehen davon, dass das sowieso nicht funktioniert und Pferde uns sofort durchschauen, ist es gar nicht nötig. Du kannst du selbst bleiben, musst dich nur im Gleichgewicht befinden", ergänze ich.

„Meinst du mit Gleichgewicht einen festen Stand, damit ich souverän auftreten kann?", fragt mein Freund nach. „Eine gute Körperhaltung ist natürlich immer von Vorteil, aber mit Gleichgewicht meine ich, dass du deine innere Balance gefunden hast. Nicht nur jedes Pferd hat einen primären Charakter, sondern auch jeder Mensch. Dabei ist kein Charakter besser oder schlechter als ein anderer. Wenn Menschen von einem schlechten Charakter sprechen, meinen sie jemanden, der aus dem Gleichgewicht geraten ist. Bei den Koniks auf der Birk habe ich das noch nicht beobachtet. Aber theoretisch würde sich das bei Michel bei einer Überforderung zeigen, indem er seine Souveränität verliert und seine Herde auseinanderfällt. Wogegen er bei einer Unterforderung ständig seine erfahrenen Stuten kontrollieren und lenken würde.

Um noch einmal auf Olko zurückzukommen: Bei ihm wäre es deutlicher zu erkennen, da seine Aktivität bei Überforderung in Aggressivität umschlägt. Bei Hauspferden sind diese sogenannten Disbalancen dagegen so häufig zu sehen, dass sie oft als Charaktermerkmal beschrieben werden. Das ist ein großer Fehler und wird den Pferden nicht gerecht, weil es sich dabei um vom Menschen verursachte Verhaltensstörungen handelt. Kommunizierst du mit einem Pferd, welches Michels Charakter besitzt, solltest du sehr präzise mit deinen Signalen sein. Das gleiche gilt für die Stuten dieses Typs. Sie sind noch unauffälliger, aber genauso punktgenau und verlässlich. Für ihre Fohlen ist das ein großer Vorteil. Ihre Mütter sind ausgesprochen geduldig, verlieren ihr Fohlen nie aus den Augen und greifen sehr rechtzeitig ein, wenn ihrem Fohlen eine Gefahr droht, sodass ihr Nachwuchs kaum in Schwierigkeiten kommt.

„Aber ist zu viel Schutz nicht auch hinderlich? Müssen die Fohlen nicht auch ihre eigenen Erfahrungen machen?", wendet mein Freund ein.

„Nein, in der Natur, selbst auf der Birk gibt es Erfahrungen, die kein Fohlen machen sollte. Dazu gehören tiefe morastige Schlammlöcher, dichte Dornenbüsche oder auch einfach eine Rotte Wildschweine im Unterholz."

STILLE WASSER SIND TIEF

Opurina gehört mit knapp zwanzig Jahren zu den ältesten Stuten auf der Geltinger Birk. Fast ihr gesamtes Leben war sie die starke Stute an Olkos Seite, bevor sie vor zwei Jahren in die Herde von Karl wechselte. Opurina verkörpert den ursprünglichsten Pferdetyp.

Opurina hält sogar Abstand zu ihrem eigenen Fohlen.

Opurina ist das einzige Pferd, dass mich, nachdem ich längere Zeit abwesend war, aktiv begrüßt. Klar bin ich stolz darauf und gebe gerne damit an, aber das Interessante daran ist, dass sie der ruhigste und zurückgezogenste Charakter von allen ist und gleichzeitig eine einmal von ihr eingegangene Beziehung für immer Bestand hat. „Stopp – du hast doch gerade gesagt, dass sie nach, lass mich nachrechnen – siebzehn Jahren – Olko verlassen hat. Wie passt das zusammen?“, fragt mein Freund irritiert. „Mmh, ich hätte das nie für möglich gehalten. Aber tatsächlich hatte ihre Beziehung zu einer anderen Stute Priorität vor der Beziehung zu Olko. Für uns Männer ist das eine echt harte Nuss und eine Tatsache, die uns überhaupt nicht gefällt. Und ich hatte das Gefühl, auch Olko war über ihren Herdenwechsel nicht glücklich. Aber der Reihe nach. Beginnen wir in der Zeit, in der Opurina noch zu Olkos Herde gehörte. Obwohl die Herde mit fast vierzig Tieren ja sehr groß war und sie eine besonders ruhige und zurückhaltende Stute ist, fiel mir die kräftige braune Stute schnell auf. Unter den ganzen Mausfalben sticht Opurina natürlich sowieso etwas hervor, aber es war vor allem ihr außergewöhnliches Verhalten und ihre Nähe zu Olko, die meine Aufmerksamkeit weckte. Die beiden waren wie Pech und Schwefel, schliefen jede Nacht nebeneinander und standen auch sonst in jeder Ruhephase zusammen, berührten sich aber außer zur Paarung nur selten. War das ihre Gemeinsamkeit? Der Wunsch nach mehr individuellem Freiraum, als ihn andere Pferde für sich beanspruchen. Gut möglich, aber bei ihrem Bewegungsbedürfnis waren sie wieder grundverschieden. Nicht, dass Opurina den halben Tag nur herumstand, sie war schon auch in jungen Jahren viel in Bewegung, aber sehr gemach. Fast behäbig bewegt sie sich noch heute durch die hohe Vegetation der Birk. Vielleicht ist es gerade diese Langsamkeit, die ihre besondere Selbstsicherheit zum Ausdruck bringt. In der Tat ist Opurina die einzige Konikstute, bei der ich mehrfach beobachten konnte, dass sie den Weg für ihre Herde änderte und die nachfolgenden Herden sich ihrer Herde anschlossen.

„Hattest du nicht erzählt, dass die Herde von Karl die Zugrichtung vorgibt?“, unterbrach mich mein Freund. „Oh, du hast aber gut aufgepasst. Ja richtig, beim normalen Zugverhalten oder einem Standortwechsel ist meist Karls Herde

Opurina lässt nur wenige Pferde nah an sich heran. Die Annäherung erfolgt meist auf ihren Impuls.

die, die vorausgeht. Bei einer Flucht ist das anders. Dann lässt sich Karl mit seiner Herde nach hinten fallen und Olkos Herde übernimmt die Spitze, wobei Olko in der Mitte seiner Gruppe bleibt und Opurina ganz vorne läuft. Kaum zu glauben, aber dieses ruhige Mädchen kann auch sehr flott unterwegs sein. Erscheint ihr dann ein Weg zu unsicher, biegt sie ab und ihre Herde folgt ihr, ohne zu zögern. Die anderen Herden schließen sich dann erst mal automatisch an. Natürlich findet trotzdem ständig eine Kommunikation und damit im Zweifel auch eine Richtungskorrektur zwischen den Hengsten der verschiedenen Herden statt. Opurina setzt aber häufig ihren Willen durch. Auch in entspannteren Situationen."

„Ein kleiner Dickkopf", lacht mein Freund. „Es sind keine egoistischen Entscheidungen, sondern sie handelt im Interesse ihres Fohlens und dass, obwohl sie keine so enge Bindung zu ihrem Nachwuchs hat wie andere Stuten", versuche ich ihr Verhalten zu erklären.

„Keine enge Bindung zu ihrem Fohlen?", fragt mein Freund verwundert. „Enge Bindung in Bezug auf körperlicher Nähe. Ihre Fohlen halten auch oft etwas Abstand zu ihr und sie lässt ihnen ebenso sehr viel Freiraum, um die Umgebung zu erkunden. Erst wenn ihre Fohlen nach ihr rufen, kümmert sie sich. Allerdings nur, indem sie zurückwiehert, damit ihr Fohlen weiß, wo sie ist. Kommt das Fohlen dann zurück und will an die Milchbar, bekommt es erst mal einen Backs mit der Nase und muss warten."

Erstaunt fragt mein Freund nach: „Sie erteilt ihrem Fohlen einen körperlichen Verweis, obwohl es zurückgekommen ist?" Ich nicke: „Ich weiß, es passt nicht in unsere Wunschvorstellung von Erziehung." Bei einer anderen Gelegenheit zeigt Opurina aber auch ihre fürsorgliche Seite und ist dabei genauso eindeutig. Ihr Fohlen ist von seinen vielen Erkundungstouren erschöpft und schläft noch tief und fest, als die Herde zu einem neuen Weidegebiet aufbricht. Fast störrisch bleibt sie neben ihrem Fohlen stehen und bewegt sich keinen Millimeter.

Selbst als der sichtlich beunruhigte Olko auftaucht und sie und ihr Fohlen zum Aufbruch auffordert, folgt sie der Gruppendynamik nicht. Das Gegenteil ist der Fall. Sie blockt Olko und jagt ihn ein paar Meter weg. Dieser toleriert ihr Verhalten und wartet mit Abstand so lange, bis ihr Fohlen aufgestanden ist. Als die drei sich dann endlich auf den Weg machen, ist ihre Herde schon fast außer Sichtweite."

ABSTAND UND NÄHE

Im neuen Weidegebiet angekommen, hält Opurina wieder Abstand zu den anderen Pferden und zu ihrem Fohlen. Trotzdem hat sie auch engen Kontakt zu anderen Pferden aus ihrer Herde. Nicht zu den jüngeren, sondern hauptsächlich zu einer anderen älteren Stute. Dieser Kontakt muss für sie sogar so wichtig gewesen sein, dass sie kurz nachdem ihre beste Freundin die Birk verlassen hat, in die Herde von Karl wechselte und dort Freundschaft mit einer ähnlichen Stute im gleichen Alter schloss.
Bemerkenswert dabei ist, das Opurina auch mit Karl intensiv soziale Fellpflege betreibt. Das hatte sie in dieser Form mit Olko nie gemacht. Um das abzuschließen: Ganz leer ging Olko dabei nicht aus. Gleichzeitig wechselte eine andere erfahrene Stute aus Karls Herde zu Olko." Mein Freund grinst: „Also Frauentausch. Aber was passierte mit Opurinas bester Freundin?", fügt er ernsthaft hinzu.
„Die Stute ging zusammen mit zehn Jungstuten in das Naturschutzgebiet Schäferhaus. Auch das ist ein tolles Gebiet, in dem Koniks wild leben. Nur sollen sie sich dort nicht auch noch vermehren. Deshalb leben die Koniks dort ohne Hengste. Allerdings sollten die Jungstuten nicht ohne erwachsene Begleitung umgesiedelt werden.
Der Umzug hat problemlos geklappt und die Koniks fühlen sich in der 300 Hektar umfassenden, halb offenen Weidelandschaft sehr wohl. Auch dort können Besucher auf Rundwegen das Naturschutzgebiet erkunden und mit etwas Glück die Koniks entdecken." Mein Freund überlegt: „Ist das nicht doof, wenn der Mensch eingreift und Pferde einfängt?" Ich nicke: „Ja, aber was wäre die Alternative? Die Koniks auf der Geltinger Birk haben keine natürlichen Feinde und das Schutzgebiet kann nicht erweitert werden. Damit die Anzahl der Tiere zur Größe der zur Verfügung stehenden Fläche passt, muss der Mensch regulierend eingreifen und nach sorgfältiger Auswahl Koniks zur Adoption freigeben. Natürlich löst das immer etwas Unruhe in den Herden aus, allerdings sind die Einfangaktionen auf der Geltinger Birk nicht mit den Round-ups der Mustangs zu vergleichen.

„Opurina verkörpert den ursprünglichsten Pferdetyp: ruhig und etwas eigenwillig."

Hier in Norddeutschland passiert das eher nach dem Vorbild von Opurina: in aller Ruhe, fast behäbig und mit einer Engelsgeduld. Und genauso kannst du auch am besten mit Opurina kommunizieren. Warten, bis sie so weit ist und Zeit hat. Ja, man glaubt gar nicht, wie beschäftigt Stuten sein können. Kommt sie dann auf dich zu und strahlst du weiterhin die nötige Ruhe aus, nimmt sie von sich aus Kontakt zu dir auf. Ganz typisch für Pferde dieses Typs ist dann ein robuster Körperkontakt. Frei nach dem Motto, wenn schon, dann auch richtig, ist ihre soziale Fellpflege nichts für zerbrechliche Wesen."

Nur mit ihrer besten Freundin pflegt sie täglich engen Kontakt.

FLEXIBEL SEIN
— *Individuelle Dialoge*

01

Grundsätzlich sprechen alle Pferde die gleiche Sprache. Trotzdem sollten wir in der Kommunikation auf die unterschiedlichen Charaktere eingehen. Dabei handelt es sich weniger um eine Art Dialekt, sondern eher um die Beachtung von Dosierung und Intensität der Signale.

Verbinden wir die individuellen Vorlieben der Pferde mit dem richtigen Zeitpunkt einer Gesprächsanfrage, fehlt uns nur noch eine Komponente für einen gelungenen Dialog: das Lebensalter. Besonders bei Fohlen und Jährlingen vergessen Menschen oft die Individualität der Kommunikation. Entweder lassen sie Fohlen alles durchgehen oder sie sind sehr streng. Dabei können wir besonders bei Fohlen die Charaktere gut unterscheiden und im Umgang berücksichtigen. Insgesamt sollte die Kommunikation mit Fohlen spielerischer und nachsichtiger sein.
Nicht alle Fohlen wollen immer toben. Es gibt frechere Fohlen, schüchternere und sogar ernsthafte, die sich schon sehr früh fast wie erwachsene Tiere benehmen. Wie die einzelnen Fohlen sich in den sozialen Interaktionen mit ihren Geschwistern und auch den erwachsenen Pferden der Herde verhalten, wird ständig von allen Tieren beobachtet. Besonders die Althengste achten sehr auf ihre Entwicklung und stellen rechtzeitig die Weichen für ihre Zukunft. Auch wir können aus den Gesprächen mit dem Nachwuchs lernen, abzuschätzen, wie eine gegenseitige Beziehung sich entwickeln kann.

03

02

01 Und Aktion: Dieses Fohlen liebt Laufspiele und dreht, wenn die anderen keine Lust mehr haben, alleine seine Runden um die Herde, bleibt aber immer im direkten Umfeld seiner Familie.

02 Fast respektlos wirkt dagegen das neugierige Fohlen, das sich unbedarft aus seiner Herde entfernt und mit seinem größeren Bruder im Schlepptau direkten Kontakt fordert.

03 Ruhig und sehr respektvoll sucht das Fohlen den familiären Kontakt zu seinem Vater.

WIE PFERDE SICH STREICHELN

Füttern und Anfassen sind die beiden Dinge, die Menschen am häufigsten machen, wenn sie in der Nähe von Tieren sind. Wie empfinden Pferde diesen ausgeprägten Wunsch nach Kontakt und wie zeigen sie ihr Bedürfnis nach Nähe und Geborgenheit?

Füttern ist die einfachste Art, um den Kontakt zu Tieren herzustellen. Theoretisch könnte man behaupten, es ist die erste und intimste Form der Kommunikation. Nur Minuten nach der Geburt, die Fohlen können kaum stehen, schon wackeln sie auf der Suche nach Milch in Richtung des Euters ihrer Mutter und bekommen als Belohnung für ihre Anstrengungen die erste Nahrung.
„Ich habe auch immer ein paar Leckerlis in den Taschen", freut sich mein Freund, „und arbeite viel mit Futterlob." Ich ahnte, dass ich nicht um dieses Thema herumkomme: „Ich nicht!" Die Gesichtszüge meines Freundes wechseln zwischen verwundert und entsetzt: „Was, wieso denn das nicht. Das ist doch die netteste Art der Konditionierung?", brauchte es eine Weile nach einer kleinen Schockstarre. „Ja, Futterlob ist eine menschliche und einfache Art, einem Pferd etwas beizubringen und wahrscheinlich auch die schonendste."
Früher hatte ich auch immer kleine Köstlichkeiten in den Taschen. In der linken Hosentasche etwas für meine Pferde und in der rechten für meine Hunde. Nun ist es strengstens verboten, Wildtiere zu füttern. Dieses Verbot gilt auch für die Koniks auf der Geltinger Birk und für alle anderen wild lebenden Pferde, weshalb ich glücklicherweise nie in die Verlegenheit gekommen bin, das dort auszuprobieren.
Trotzdem habe ich mir unter dem Aspekt des Futterlobes die Geburten und das Säugen der Fohlen über mehrere Jahre hinweg intensiv angeguckt. Dabei wurde mir recht schnell klar, dass die Muttermilch nicht die Belohnung ist, sondern die Berührungen der Stute. Diese bestätigt jedes Mal, wenn ihr Fohlen auf dem richtigen Weg zum Euter ist, die Bemühungen ihres Nachwuchses durch eine zärtliche Berührung am Rücken. Sucht ihr Fohlen an der falschen Stelle, findet kein Körperkontakt statt. Die Nahrung ist wiederum eine Selbstverständlichkeit. Außerdem endet die Fütterung spätestens als Jährling, während die intimen Berührungen zwischen den Pferden lebenslang bestehen bleiben und auch zwischen Pferden erfolgen, die nicht miteinander verwandt sind.
Die sanften Berührungen zwischen den Pferden unterscheiden sich allerdings erheblich von den üblichen Streicheleinheiten der Menschen. Menschen fassen Pferde häufig am Kopf an und sind dabei aus Pferdesicht respektlos. Selbst ein vor der Paarung hoch erregter Hengst ist nicht so aufdringlich wie ein Mensch, der sein Pferd durch Streicheln am Kopf loben will.
Der Hengst wartet vor der Berührung am Kopf auf die Zustimmung der Stute und lässt ihr die Möglichkeit seitlich auszuweichen, während Menschen ihr Pferd oft von vorne bedrängen und ohne zu zögern mit der Hand zwischen die Augen des Pferdes fassen. Nicht selten sind die Streichelbewegungen der Menschen dazu noch ruckartig.

Dieser Kontakt am Kopf ist Vorspiel zur Paarung.

Stute und Fohlen fühlen die gegenseitige Nähe …

… und berühren sich von Zeit zu Zeit ganz sanft.

WARTEN

„Darf ich mein Pferd denn gar nicht am Kopf streicheln?“, fragt mein Freund enttäuscht. „Wenn du dein Pferd am Kopf so streichelst, wie ich es gerade beschrieben habe, ist es nur für dich ein Streicheln.“ Berühren sich Pferde am Kopf, um Verbundenheit zu zeigen, nehmen sie sich vor allem sehr viel Zeit, weshalb wir diese Form der Berührung nur in einer Ruhephase sehen. „Deshalb ist der Stundenplan der Pferde so wichtig“, bemerkt mein Freund ganz aufgeregt. „Du kleiner Streber“, freue ich mich, „ja genau, diese zärtlichen Kontakte entstehen durch eine langsame Annäherung, wenn die Pferde sowieso dichter zusammenkommen.“

Der erste Kontakt findet häufig am Bauch statt. Die Pferde stehen nebeneinander und durch die Veränderung des Bauchumfangs beim Atmen kommen sich die Körper näher. Selbst wenn sich die Pferde noch nicht berühren, spüren sie die Nähe.

Wünschen sie noch mehr Nähe, rücken sie etwas dichter zusammen, bis sich nach einer Weile ihre Bäuche beim Ein- und Ausatmen berühren. „Das können wir aber schlecht nachmachen“, interveniert mein Freund und schaut an uns herunter und lacht, „dafür haben wir nicht genug Bauch. Soll ich ein paar Bierchen holen?“ Ich nicke: „Ja, ein paar mehr. Unser Bauch muss, um das nachmachen zu können, ja seitlich ausbeulen.“ Wir schauen uns kurz an und müssen bei der Vorstellung lachen. „Es gibt einen einfacheren und gesünderen Weg, denn unsere Arme hängen ja seitlich am Körper herunter“, werde ich wieder sachlich. „Wenn wir atmen, bewegen sich unsere Arme ganz leicht, sodass wir beim Einatmen etwas breiter und beim Ausatmen wieder schmaler werden. Stehen wir neben einem Pferd, genügen diese paar Zentimeter schon, um den Abstand zu verändern“, beschreibe ich die Technik, worauf mein Freund nachfragt: „Also nicht die Hand drehen und das Pferd mit den Fingern kraulen?“ Ich nicke. „Genau, ein Pferd kraulen ist etwas anderes. Das wäre soziale Fellpflege und die beginnt anders und findet nicht in einer Ruhephase statt. Wir wollen uns jetzt ja zu einem sensiblen Kontakt am Kopf vortasten. Erwidert das Pferd den leichten Kontakt unseres Handrückens am Bauch können wir etwas nach vorne gehen und uns allmählich über die Schulter bis zum Kopf vorarbeiten. Da Pferde in der Natur nicht rückwärts gehen, müssen wir uns nach vorne bewegen, bis wir auf Kopfhöhe sind.“

Mein Freund möchte wissen, wie lange es von der ersten Berührung am Bauch dauert, bis ein Kontakt am Kopf entsteht. „Wenn du das andersherum machst, sodass du vorne stehst, und sich dir ein Pferd von hinten nähert, wirst du bemerken, dass die Zeitspanne je nach Pferd und der Beziehung zu dir zwischen funf bis zehn Minuten variieren kann."

Nach einer kleinen Pause füge ich noch hinzu: „Und wenn der Kontakt hergestellt ist, bleibst du für den Rest der Ruhephase ruhig stehen. Das können dann schon mal ein oder zwei Stunden sein." Mein Freund seufzt: „Das ist lange und ganz anders als ich bisher meine Pferde gestreichelt habe. Lohnt sich der Aufwand?", möchte er wissen.

„Wenn du eine Beziehung zu deinem Pferd aufbauen möchtest, kommst du überhaupt nicht um diese Übung herum. Probiere es einmal aus. Ich weiß, wir Jungs finden Kuscheln ist eher eine Mädchensache. Aber es ist wichtig, dass auch wir unsere weiche Seite entdecken und sie den Pferden zeigen. Im Übrigen machen das einige Hengste auch von Zeit zu Zeit. Nur Pferde, die vom Charakter nicht so viel Nähe zulassen, zeigen diese Kommunikation selten. Das müssen wir natürlich respektieren. Es gibt ja auch Menschen, die körperliche Nähe als unangenehm empfinden. Das gilt für Männer und Frauen gleichermaßen." Für uns alle bleibt aber eine Sache immer zu beachten: Der Pferdekopf ist ein sehr intimer Bereich.

„Der Kopf ist ein besonders intimer Bereich, dem mit großem Respekt begegnet werden sollte."

Gimli besucht die Junggesellengruppe und reibt behutsam seinen Kopf an der Kruppe eines Dreijährigen.

SOZIALE FELLPFLEGE

Die soziale Fellpflege ist für Pferde eine sehr wichtige tägliche Aktivität. Für uns Menschen ist es eine gute Möglichkeit, um die Beziehung zu unseren Pferden zu vertiefen. Dabei sollten wir nur bedenken, dass das Grooming nicht mit dem Putzen eines Pferdes gleichzusetzen ist.

Für Reitpferde ist es üblich, dass sie jeden Tag vorm Satteln geputzt werden, was durchaus Sinn ergibt, da Schmutz im Bereich der Sattel- oder Gurtlage zu Scheuerstellen führen kann. Dieses Problem haben die Koniks auf der Geltinger Birk nicht. Für sie wäre ein geputztes Fell sogar ein großes Problem, da die Staub- und Fettschicht sie vor Wettereinflüssen schützt. „Ja, aber trotzdem putzen sie sich doch gegenseitig", versucht mein Freund seine Sammlung an Bürsten, Striegeln usw. zu verteidigen.

„Reiter putzen, Pferde knabbern, kratzen und schubbern", versuche ich den Unterschied deutlich zu machen und setze erneut beim Stundenplan der Pferde an. „Pferde groomen, wenn ihnen das Fell juckt und nicht, wenn eine Wanderung bevorsteht. Daher sehen wir Pferde besonders in der Dämmerung bei dieser Aktivität."

Am Morgen widmen sich Pferde, wenn überhaupt, nur kurz der Fellpflege. Am Abend findet dagegen eine ausgiebigere Körperpflege statt, was wohl daran liegt, dass morgens aufgrund der Kühle der Nacht die Belastung durch Insekten geringer ist als abends. Abends kombinieren die Koniks gerne alle Möglichkeiten der Fellpflege, wozu das Sandbaden, das solitäre Schubbern an Bäumen und Sträuchern sowie das gegenseitige Beknabbern zählen.

„Ein Pferd zu putzen, hat wenig mit sozialer Fellpflege gemeinsam."

Alle Maßnahmen dienen den Pferden vor allem dazu, Kriebelmücken von der Haut fernzuhalten. Beim Sandbaden mache ich nicht aktiv mit. Manchmal setze ich mich an den Rand einer Wälzstelle und gucke den Koniks dabei einfach zu. Da eh meist nur wenige Koniks ein Sandbad nehmen, grenze ich mich dadurch nicht aus. Umgestürzte Bäume nutzen dagegen fast alle Koniks, um sich zu schubbern. Aber jeder für sich, weshalb es für das Sozialgefühl genügt, wenn ich mich an einen Baum lehne.

Die soziale Fellpflege, in Fachkreisen auch Grooming genannt, ist dagegen wichtiger Bestandteil der Kommunikation und Beziehungspflege, weshalb ich als Mensch gar nicht darum herumkomme. „Ist die Belastung durch Insekten in einem Feuchtgebiet wie der Geltinger Birk besonders groß?", fragt mein Freund besorgt.

„Es gibt Zeiten und Orte, da sind wirklich viele Insekten unterwegs. Aber die Koniks kennen das und suchen Bereiche auf, wo die Belastung normal ist. Dabei spielt der Boden, die Art der Vegetation und die Höhe der Pflanzen sowie der Wind eine große Rolle. Die Koniks schaffen sich, indem sie in bestimmten Bereichen das Gras herunterfressen, sogar fast insektenfreie Zonen. Diese Technik haben wir Menschen leider fast flächendeckend perfektioniert und großflächig ausgedehnt. Ziergärten und kurz gemähte Randstreifen von Wegen und Straßen sind nur zwei Gründe dafür, warum es immer weniger Insekten gibt.

Körperhaltung beim Grooming. Nicht die Brust öffnen, sondern dem Pferd den Rücken anbieten.

Die Anfrage zum Grooming erfolgt ohne Zögern und frontal. Es findet kein Kontakt am Kopf statt.

DIE ANFRAGE

Die Anfrage zur sozialen Fellpflege erfolgt zügig und sehr direkt. Mein Freund ist erleichtert: „Ich muss mir also nicht wie beim Streicheln mindestens eine Stunde Zeit nehmen?“ Ich schüttle den Kopf: „Nein, das Grooming kann eine sehr schnelle und kurze Sache sein. Es kann sich aber auch länger hinziehen, wobei du es jederzeit beenden kannst.“

Mein Freund wiederholt kurz: „Es ist also Abend, ich merke, dass den Pferden das Fell juckt,“, er überlegt kurz, „das kann im Fellwechsel auch tagsüber der Fall sein, richtig?“ Ich nicke und er fährt fort: „Und wie mache ich jetzt ein Angebot zur gegenseitigen Fellpflege?“

Ich freue mich, weil er immer mehr aus Sicht der Pferde zu denken beginnt: „Du kannst direkt auf ein Pferd zugehen. Nicht rennen, aber durchaus zügig. Dabei näherst du dich frontal. Es spielt keine Rolle, ob das Pferd gerade grast oder den Kopf oben hat. Aber, und das ist wieder sehr wichtig, du berührst es nicht am Kopf, sondern gehst mit deiner Hand seitlich am Kopf vorbei und stoppst vor der Brust.“ Mein Freund führt den Satz weiter: „Ohne es zu berühren?“

Ich nicke erneut: „Ja genau. Eine deutliche Anfrage ohne Körperkontakt. Der erste Körperkontakt kommt vom Pferd und ist die positive Antwort auf deine Anfrage.“ Mein Freund überlegt kurz und fragt: „Wie lange dauert es, bis das andere Pferd antwortet? Und kann ich sicher sein, dass es meine Anfrage verstanden hat, oder darf ich noch einmal nachfragen?“ Ich mache eine kurze Pause: „Merkst du etwas? Du machst es hier in unserem Gespräch automatisch so, wie es die Pferde untereinander auch machen. Sie stellen eine Frage und warten kurz auf die Antwort. Nur, dass Pferde mit einem Körpersignal antworten. Du solltest dem Pferd so lange Zeit geben, bis es ein Signal aussendet, und dann auf seine Antwort eingehen. Nur dann können wir von einem Dialog sprechen. Würdest du auf ein Nein trotzdem anfangen, dein Pferd zu kraulen, wäre das ziemlich respektlos, denn Grooming ist immer freiwillig.“

JA, ICH WILL

Die positive Antwort auf eine Anfrage zum Grooming ist einfach zu bemerken. Das angefragte Pferd hebt seinen Kopf und beginnt, mit seinen Lippen zu knabbern. In den meisten Fällen beginnen die Pferde am Widerrist, weiten ihre Aktivitäten aber auch auf den übrigen Körper bis hin zum Schweifansatz aus. Deshalb ist es wichtig, dass wir uns, wenn wir uns an der sozialen Fellpflege beteiligen wollen, so hinzustellen, dass das Pferd unseren Rücken erreichen kann. Wenden wir dagegen dem Pferd unsere Bauchseite zu, machen wir es ihm unmöglich, die bevorzugten Stellen zu erreichen. Dabei ist es weniger wichtig, dass wir beknabbert werden, sondern dass das Pferd uns die Stellen zeigen kann, an denen es selbst gerne gekrault werden möchte. Die Pferde achten wiederum genauso auf uns, weshalb wir die Intensität entsprechend dosieren können und unserem Pferd zeigen können, dass wir nur sanft berührt werden möchten.

Pferde untereinander können bei der Fellpflege nämlich sehr heftig werden. Merke ich, dass ein Pferd sehr grob beknabbert werden möchte, beende ich das Grooming und lasse ein anderes Pferd an meine Stelle treten.

Erwachsene Pferde machen im Übrigen immer nur zu zweit soziale Fellpflege. Die persönlichen Vorlieben zeigen sich dabei sehr schnell, sodass es nicht verwunderlich ist, dass sich jeden Tag die gleichen Pferde zusammenfinden. Meine Pferde zu Hause haben gelernt, dass sie mich nicht so heftig beknabbern dürfen. Bei Koniks, die sehr grob bei der sozialen Fellpflege sind, verneine ich die Anfrage dagegen einfach.

Ablauf

SOZIALE FELLPFLEGE

- Frontal auf das Pferd zugehen
- Keinen Kontakt am Kopf aufnehmen
- Die innere Hand an den Pferdekörper halten
- Die innere Schulter zum Pferd drehen
- Warten auf die Antwort des Pferdes
- Bei einem Ja das Kraulen erwidern
- Zum Beenden einfach aufhören und weggehen

Es machen immer nur zwei erwachsene Pferde zusammen Fellpflege. Die anderen warten oder fragen ein anderes Pferd.

Wach, aufmerksam und ohne Beschäftigung: Die Stute ist offen für eine Kontaktanfrage.

NEIN SAGEN

Karl bekommt von einer Stute einen Korb. Seine Autorität verliert er dadurch nicht und seine Stute verrät uns ein sehr elegantes, fast unsichtbares Signal. Wir können es spielend leicht nachmachen und beweisen damit, dass wir das kleine Einmaleins der Pferdesprache beherrschen.

Die Sonne ist gerade aufgegangen und Karls Herde ist bereits zum Frühstück in ein neues Weidegebiet gewandert. Streng genommen ist jetzt Fresszeit und es finden keine direkten sozialen Interaktionen zwischen den Pferden statt. Karl sieht das anders. Er scheint Langweile zu haben und tingelt durch seine Herde. Dass die Althengste mehr in Bewegung sind und weniger fressen, ist ganz normal, aber er scheint Kontakt zu suchen. Da kommt ihm eine seiner Stuten, die wohl auch nicht besonders hungrig ist und aufmerksam durch die Gegend guckt, sehr gelegen. Alma, die hübsche Stute mit der langen Mähne, gehört zu seinen Lieblingsstuten und die beiden kuscheln öfter mal zusammen. Daher ist es nicht verwunderlich, dass Karl eine Kontaktanfrage startet. Eine Anfrage zum Grooming ist es aber nicht, denn Karl bleibt drei Meter vor ihr stehen und wartet.

DIE ANTWORT

Almas Antwort ist schnell und sehr präzise. Die Stute nimmt ihren Kopf herunter und beginnt zu grasen. Der erfahrene Hengst akzeptiert ihr Nein sofort und geht sogar ein paar Schritte zur Seite. Kurz darauf hört die Stute wieder auf zu grasen und guckt erneut in der Gegend herum. Diesen sehr kurzen, aber sehr eindeutigen „Frage-Antwort-Dialog“ können wir bei Pferden sehr häufig beobachten. Pferde verwenden das Grasen zum Neinsagen nicht nur bei einer Anfrage, sondern auch, wenn sie eine soziale Interaktion beenden wollen. So nutzen sie dieses Signal auch zum Beenden eines Spiels oder der sozialen Fellpflege.

Wörtlich übersetzt heißt es so viel wie: „Nein, ich möchte jetzt nicht" oder „Nein, ich möchte jetzt nicht mehr". Verstärken können Pferde dieses Signal, indem sie ihren Kopf beim Grasen vom anderen Pferd wegbewegen oder noch eine Stufe deutlicher, sich beim Grasen von dem anderen Pferd entfernen. Für uns Menschen wirkt das unhöflich. Es wäre so, als ob wir uns zu Beginn oder während einer Unterhaltung einfach umdrehen und weggehen.

„Ich dachte immer, Pferde sind sehr höflich und respektvoll?", ist mein Freund erstaunt. „Für Pferde ist das auch nicht unhöflich. Es ist klar und eindeutig", verteidige ich eines meiner Lieblingssignale. Wir dürfen das nicht persönlich nehmen, denn die Pferde sagen ja nicht: „Ich mag dich nicht", sondern: „Ich habe jetzt keine Lust auf diese Aktivität." Mein Freund wird nachdenklich: „Führe ich mein Pferd über den Hof, passiert es manchmal, dass es mich am Halfter zu einer Grasfläche am Rand zieht. Ist das also ein

„Es ergibt nur Sinn, eine Frage zu stellen, wenn wir für die Antwort offen sind."

„Nein, ich möchte jetzt nichts mit dir machen?" Ich nicke: „Im Prinzip schon. Hast du es gerade von der Heuraufe aus dem Paddock geholt, ist das eine vorhersehbare Reaktion. Beachtest du den Stundenplan, startest du keine Anfrage, wenn dein Pferd nicht grundsätzlich bereit dazu ist. Und akzeptierst du das sicherlich vorangegangene Nein, wirst du nicht einmal mehr ein Halfter brauchen, damit dein Pferd dir folgt", entgegne ich ermahnend. Ich weiß, dass es schwer ist, die üblichen Abläufe im Umgang mit Pferden zu verändern und sich dem natürlichen Rhythmus der Tiere anzupassen. Dazu kommt noch, dass viele Pferde in der Erwartung einer Futterbelohnung ihre momentane Tätigkeit unterbrechen und zunächst dem Menschen folgen. Dass ein Pferd kurz darauf dann doch Nein sagt, ist dann keine Überraschung.

So einfach ist passives Neinsagen: Ignorieren der Anfrage durch Grasen.

Alma ist offen für einen Kontakt ...

... sagt aber durch Abwenden ihres Kopfes Nein zu Karls Anfrage.

NACHFRAGEN ERLAUBT

Eine Viertelstunde später wird deutlicher, was Karl für eine Anfrage starten wollte. Alma kommt in die Rosse und der Althengst will sich mit ihr paaren. „Fragt der Hengst deshalb erneut nach, obwohl die Stute vorher Nein gesagt hat?", möchte mein Freund wissen. „Die Stute hat dadurch, dass sie vorher zwar den Kopf zum Grasen heruntergenommen hat, Nein gesagt, aber sie hat weder ihren Kopf zur anderen Seite genommen, noch hat sie sich von Karl wegbewegt. Und jetzt steht sie wieder neben ihm, hat den Kopf oben und schaut sogar länger in seine Richtung. Auf diese feinen Signale reagiert Karl sofort und startet daher die nächste Anfrage. Da die Stute jetzt mehr Bereitschaft signalisiert, fällt seine Anfrage auch konkreter aus. Er nähert sich ihr nicht von vorne wie zur sozialen Fellpflege, sondern mit der gleichen Blickrichtung und erhobenem Kopf von seitlich hinten. Er hat dabei bereits ausgeschachtet und untermalt seine Absicht mit einem erregten Blubbern. Diese Avancen eines Hengstes an eine Stute sind sehr auffällig und kaum misszuverstehen. „Ja, klar. Das kennt, glaube ich, jeder Reiter. Warum nimmst du dieses Beispiel? Das ist doch eine Unterhaltung, an der wir nicht teilnehmen", ist mein Freund verwundert. „Das ist schon richtig. In die Situation, dass ein Hengst eine Anfrage zum Decken bei uns startet, sollten wir nicht kommen", stimme ich ihm zu, „aber ich kenne einige Frauen, die an ihren besonderen Tagen Probleme im Umgang mit Hengsten haben. Uns Männern kann Ähnliches passieren, wenn wir vorher nicht sauber kommuniziert haben. Nur bei einer Frau wird eine unklare Kommunikation in der entsprechenden Hormonlage noch deutlicher."

Eine wiederholte, aufdringliche Nachfrage kommt also nur vor, wenn vorab kein klares Nein erfolgte. Das ist bei Pferden nur im Vorlauf der Paarung der Fall, wenn die Stute kurz vor der Hochrosse steht und sich unschlüssig ist, ob sie schon gedeckt werden möchte oder noch nicht. Bei Menschen kommen diese Unklarheiten durch eine unklare Kommunikation mit Pferden dagegen häufiger vor. Dass ein Pferd dann ständig nachfragt und uns bedrängt, ist nur die Folge unserer widersprüchlichen Signale. Deshalb brauchen wir, wenn wir eindeutige Signale geben, auch fast nie aktiv Nein zu einem Pferd zu sagen."

Mein aufmerksamer Freund runzelt seine

Sie verstärkt ihr Nein durch die Kopfbewegung in seine Richtung.

Karl akzeptiert und hält Abstand.

Stirn und wiederholt: „Fast nie?" Es ist beruhigend, dass ich zugeben muss: „Auch Pferde sind nicht perfekt. Es passiert ihnen schon einmal, dass sie aus Versehen einem anderen Pferd aus ihrer Herde zu nahekommen und dann weggegiftet werden." Mit Weggiften meine ich eine schnelle seitliche Bewegung mit dem Kopf in Richtung des Pferdes, welches zu nahgekommen ist.

„Ich hätte nicht gedacht, dass Pferden in der Natur eine solche Unachtsamkeit passiert", mein Freund ist überrascht und fügt hinzu: „Bei meinen Pferden kenne ich das beim Füttern." Ich nicke: „Im Prinzip ist es das Gleiche. Pferden in der Natur passiert es nur, wenn sie abgelenkt waren und den Individualabstand unbeabsichtigt unterschreiten. Die Pferde signalisieren mit dieser Geste dann einfach nur, dass sie mehr Abstand wünschen."

Einen direkten Körperkontakt vermeiden die Pferde bei dieser Kommunikation meist, weshalb diese Geste dramatischer aussieht, als sie ist. Allerdings sind Dynamik und Geschwindigkeit so auffällig, dass dieses Signal immer bemerkt wird. Ich selbst bin auch schon einmal in eine solche Situation gekommen. Abgelenkt von einem Fohlen, welches gerade voll die lustigen Verrenkungen vor mir machte, bin ich viel zu schnell und dicht von hinten kommend an Karl vorbeigegangen, woraufhin er einmal blitzschnell mit seiner Nase in meine Richtung giftete, was übersetzt in unsere Sprache so viel heißt wie: „Pass doch auf! Hier stehe ich." Du stoppst dann einfach oder machst einen Schritt zur Seite, und schon ist es erledigt und vergessen. Das aktive Neinsagen ist in der Herde wirklich selten und kommt außer bei der Paarung fast nur beim Grasen vor. Eine abgemilderte Form können wir manchmal beim Aufstellen zum Ruhen beobachten. Da entfällt ja praktisch das passive Neinsagen durch das Grasen, und die Pferde kommunizieren entweder durch das Freigeben von Raum mittels ein paar kleiner Schritte zur Seite oder der seitlichen Verlagerung ihres Körperschwerpunktes."

„Eine erneute Anfrage ist kein infragestellen der Autorität, sondern einfach nur eine neue Anfrage."

DYNAMISCHE SIGNALE
— mit feinen Unterschieden

Pferde gehen sehr sparsam mit dynamischen Signalen um. Wechselt ein Pferd von langsamen Signalen zu energiegeladenen Gesten, erwartet es eine schnellere Reaktion. Dynamischen Signalen wird in der Herde sofort Folge geleistet.

Da dynamische Signale keine Wahlmöglichkeit bieten, können wir von Kommandos oder sogar Befehlen sprechen. Zwar gehen die meisten dieser Kommandos vom Herdenhengst aus, aber grundsätzlich kann jedes Pferd aus der Herde, auch ein Fohlen, ein dynamisches Signal geben. Sagt ein Fohlen also aktiv Nein zu einem erwachsenen Tier, kann es mit Sicherheit davon ausgehen, dass das erwachsene Pferd seinem Wunsch folgt und mehr Abstand hält.

Diesen Grundgehorsam missbrauchen leider viele Menschen und setzen ständig dynamische Signale ein, woraufhin die meisten Pferde, wie sie es aus der Herde kennen, sofort gehorchen. Ist es einem Pferd jedoch nicht möglich, auf ein solches Signal zu reagieren, weil es vielleicht keinen Platz zum Ausweichen hat, kann es zu einem Konflikt zwischen Pferd und Mensch kommen.

Diesen Fehler habe ich bei Pferden in der Natur noch nie beobachtet. Ein Pferd, das ein Kommando gibt, achtet darauf, ob es dem anderen Tier möglich ist, darauf zu reagieren und beendet das Signal auch direkt nach einer Reaktion. Fast alle dynamischen Signale innerhalb einer Herde sind ohne Körperkontakt. Nur wenn Fohlen oder Jährlinge zum Schnellerlaufen angetrieben werden, kann es vorkommen, dass sie etwas angeschubst werden. Die Hengste setzen ihre Kraft dabei so wohldosiert ein, dass das Signal eher fürsorglich wirkt.

01

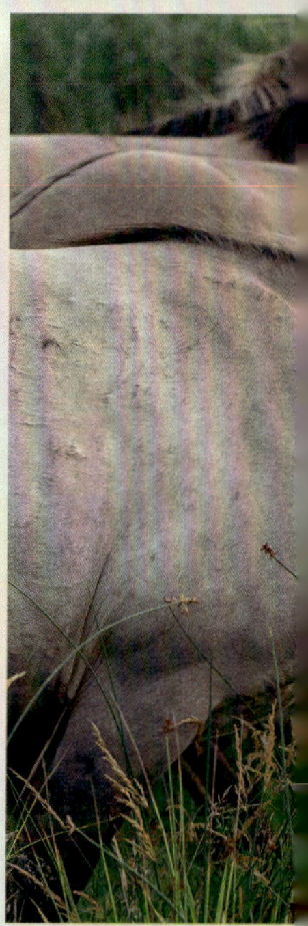

03

01 *Gehe nicht an die Stelle, auf die ich zeige.*
02 *Geht sofort in die Richtung, in die ich zeige.*
03 *Richtung ändern. Kommt zurück in unsere Herde.*
04 *Halte sofort mehr Abstand zu unserer Nachbarherde.*

02

04

GREAT JOB

— *Aufgaben erledigen*

Eines der wichtigsten Signale der Pferde: Der Blickkontakt zu einem Pferd aus der eigenen Herde.

DER VERBINDENDE BLICK

Es gibt Gespräche, die finden nur zwischen erwachsenen Pferden statt, die Aufgaben in der Herde übernommen haben. Der verbindende Blick ist ein Signal aus so einer Kommunikation. Allerdings bekommt kein Pferd die Führung anvertraut, nur weil es seinen Kopf hebt.

Es ist ein typisches Ziel von Menschen, die Führung eines Pferdes zu übernehmen und damit zumindest teilweise die Kontrolle über ein Tier zu besitzen. Dieser Wunsch ist nachvollziehbar und im Umgang mit Hauspferden zum Schutz der Tiere in einer technisierten Umgebung sinnvoll. Während früher verschiedene Methoden unter Verwendung von physischer und psychischer Gewalt ein verbreitetes Mittel zur Durchsetzung von Unterordnung waren, suchen heutzutage die meisten Pferdehalter nach gewaltfreien Wegen, um über Vertrauen die Verantwortung zur Führung geschenkt zu bekommen. Das ist eine grundlegende Veränderung in der Pferdeausbildung, über die ich mich sehr freue.
Mein Freund fasst sich an seine grauen Schläfen: „Stimmt“, bemerkt er, „früher, vor zwanzig bis dreißig Jahren, wurde mir noch gezeigt, wie man einen widerspenstigen Hengst durch Aufnehmen des inneren Vorderbeines und Herumziehen am

Halfter zu Fall bringen kann, um ihn so zu unterwerfen.“ Ich nickte und kommentiere diese Technik nicht weiter, woraufhin eine fast peinlich beschämende Pause entsteht.
Nach einer Weile sagt mein Freund mit etwas unsicherer Stimme: „Aber Hengste kämpfen doch in der Natur auch um die Rangordnung. Wäre es dann nicht die Konsequenz einer natürlichen Pferdesprache, wenn wir durch körperlichen Einsatz unsere Führung beanspruchen?“
Ich kneife mein Gesicht zusammen: „Mir gefällt, wie du denkst, nur übersiehst du bei deinen Überlegungen ein entscheidendes Detail: Wir sind Teil der Herde geworden und innerhalb einer Herde gibt es keine Rangkämpfe. Deshalb können und müssen wir jetzt einen kultivierteren Weg einschlagen, um den Pferden zu zeigen, dass wir bereit sind, Führung zu übernehmen. Der verbindende Blick ist ein eleganter Einstieg dafür.“

LANGE FRESSPHASE

Bisher haben wir uns innerhalb einer Fressphase darauf konzentriert, den Rhythmus der Pferde anzunehmen. Das ändert sich jetzt mit dem verbindenden Blick. „Wahrscheinlich ist dir bereits aufgefallen, dass die Pferde beim Grasen zwischendurch ihren Kopf heben“, leite ich den Übergang in die neue Beziehungsebene ein.
„Ja, immer wenn die Pferde ein paar Meter weitergehen, heben sie natürlich ihren Kopf. Manche mehr, andere weniger. Ab und zu lassen sie ihren Kopf aber auch unten und gehen während des Grasens weiter“, schildert mein Freund seine Beobachtungen. „Ist dir auch aufgefallen, dass einige Pferde beim Kopfheben nicht vorwärtsgehen, sondern stehen bleiben?“, frage ich nach.
„Ja, jetzt wo du es sagst. Klar, das sind bestimmt die Pferde, die während einer Fressphase Wache halten. Und die wechseln sich dabei ab, richtig?“, mein Freund freut sich, weil er merkt, dass er endlich aktiver werden kann.
„Immer ruhig mit den jungen Pferden“, bremse ich ihn mit dem bekannten Pferdespruch, „du bist schon wieder einen Schritt weiter.“ Der verbindende Blick ist ein nach innen gerichtetes Signal, das den Zusammenhalt der Herde sichert.

„Erst die Kombination aus Körperhaltung und Blickdauer ergibt ein klares Signal.“

DIE TECHNIK

Bei der Ausführung dieses Signals ist es wichtig, dass wir uns exakt an die Körpersprache der Pferde halten, denn bereits eine minimale Veränderung hat eine komplett andere Bedeutung. Schauen wir uns daher an, wie ein dreijähriger Konik es während einer langen Fressphase, bei der die Pferde mit größerem Abstand zueinander grasen, ausführt.
Der Junghengst frisst in Zugrichtung der Herde.
Gerade wollte ich loslegen, da unterbricht mich mein Freund: „Haben die Pferde beim Grasen immer eine Zugrichtung? Ich dachte, wenn sie sich in einem Weidegebiet befinden, laufen sie einfach kreuz und quer?“ „Ja, schon“, gab ich zu, „aber trotzdem gibt es dabei sozusagen eine Umlaufbahn oder Bewegungsrichtung, die zu Beginn und Ende der Fressphase deutlicher wird.“
Je größer das Gebiet ist, in dem Pferde leben, desto ausgeprägter ist dieses Verhalten. Bei Hauspferden, bei denen jede Koppel nur einen Eingang hat, ist das schwieriger zu erkennen, aber trotzdem vorhanden. Auf jeden Fall können wir den verbindenden Blick am häufigsten beobachten, wenn die Pferde weit auseinander fressen und gleichzeitig viel in Bewegung sind, so wie es am Ende einer langen Fressphase der Fall ist.
„Also, der Junghengst hebt beim Grasen in Zugrichtung seinen Kopf“, fahre ich fort, „und dreht ihn zur Seite. In dieser Position hält er ihn für zehn bis fünfzehn Sekunden oben und bleibt stehen. Aber Achtung: Er wendet dabei nicht, sondern bleibt mit seinen vier Hufen exakt in der Position stehen, die er beim Grasen hatte. Anschließend nimmt er seinen Kopf wieder herunter und grast weiter.

Pferde aus einer Herde suchen ständig Blickkontakt. Es ist kein Zeichen von Unsicherheit, sondern Achtsamkeit.

NACHMACHEN

Der größte Fehler, den wir beim Nachmachen dieses Signals machen können, ist, dass wir uns zum Gucken mit dem ganzen Körper umdrehen, also unsere Füße bewegen. Für den verbindenden Blick ist es wichtig, dass wir genau an der Stelle stehen bleiben, an der wir hochgeguckt haben und auch unseren Oberkörper nicht drehen. Die Pferde biegen nur ihren Hals in die Richtung, in die sie schauen.

Das ist für uns Menschen etwas schwieriger, weil unser Hals nicht so lang ist und auch nicht so beweglich. Trotzdem funktioniert es ganz ausgezeichnet. „Wenn du es absolut korrekt machen möchtest, achtest du außerdem darauf, dass deine Arme weiter entspannt an deinem Körper herunterhängen und du sie nicht mit in deine Blickrichtung bewegst. Und überhaupt, entspannt ist ein gutes Stichwort. Der verbindende Blick soll nicht für Aufregung sorgen, sondern nur signalisieren: Ich achte auf dich und weiß, wo du bist und was du machst. Probiere es doch einfach mal aus!", ermuntere ich meinen Freund.

Ich muss grinsen, als er sich wie vor einem Boxkampf Arme und Beine ausschüttelt, um locker zu werden. Wieder zur Ruhe gekommen, stellt er seine Füße parallel nebeneinander, lässt seine Arme links und rechts am Körper herunterhängen und senkt seinen Blick zum Boden. Hochkonzentriert hebt er kurz daraufhin seinen Kopf, dreht ihn zur Seite und ich merke, wie er im Geiste anfängt zu zählen, als es plötzlich aus ihm herausschießt: „Schei.., jetzt habe ich doch meine Schultern mitgedreht!"

Ich muss lachen: „Das ist nicht deine Schuld. Du arbeitest zu viel und hast zu viel Stress, daher ist dein Nacken völlig verspannt. Dann dreht sich automatisch der Oberkörper mit", wage ich eine medizinische Diagnose.

„Ja, kann sein. Aber ist das wirklich so schlimm, dass sich meine Schultern etwas mitbewegen?", versucht er das Problem herunterzuspielen.

„Na ja, erst mal ist dein Signal nicht präzise und beginnt, sich mit dem Signal zur Kontaktaufnahme zu vermischen. Außerdem könnten die Pferde denken, dass du angespannt und gestresst bist, und das in einer Situation, in der gar nichts Besonderes los ist. Und das auch noch bei deinem ersten Schritt, um den Pferden zu zeigen, ich will in der Führungsliga mitspielen", urteile ich scharf. Mein Freund ist sichtlich erschrocken über meine

Gimli erwidert unseren Blickkontakt für knapp zehn Sekunden.

harte Gangart, als ich ihm empfehle, zunächst noch in der dritten Beziehungsebene zu bleiben. Aber wenn wir Aufgaben und daraus resultierend Führung übernehmen wollen, müssen wir innerlich ausgeglichen sein und die Feinheiten der Körpersprache ausführen können. Der beste Ort, um da hinzukommen, ist viel Zeit mit und zwischen Pferden zu verbringen, ohne etwas von ihnen zu wollen.

„Können wir trotzdem weitermachen“, bittet mich mein Freund, „ich verspreche dir, meinen Pferden zu Hause erst anzubieten, Aufgaben zu übernehmen, wenn ich relaxter bin.“

Ich merke, dass ich eigentlich derjenige war, der zu schnell vorging und zu viel Druck gemacht hat, und antworte: „Das ist eine gute Idee, du kannst dann die Signale der Pferde, die Verantwortung in der Herde tragen, erst mal beobachten und später, nachdem du auch alle Schritte kennst, in die vierte Beziehungsebene einsteigen.“

Etwas enttäuscht, aber verständnisvoll senkt mein Freund seinen Kopf, woraufhin ich versuche, ihn wieder aufzubauen: „Beziehungsarbeit ist kein Wettlauf und meine Nummerierung der verschiedenen Ebenen ist keine Wertung. Du solltest dich dort aufhalten, wo du dich wohlfühlst, es für die Pferde stimmig ist und die Zeit genießen. Ich befinde mich bei vielen Herden in der ersten, zweiten oder dritten Beziehungsebene und liebe es.“ Oft ist es auch einfach gut, etwas Druck herauszunehmen – und dann klappt alles viel besser. Das gilt auch für den verbindenden Blick und so gebe ich meinem Freund den Tipp, wenn er entspannt ist, einfach mal beiläufig zu seinen Pferden zu schauen und darauf zu achten, ob diese seinen Blick erwidern, denn genau darum geht es: einen kurzen Blickkontakt, um zu zeigen, dass man gegenseitig auf sich achtet.

Ablauf

DER VERBINDENDE BLICK

- Der Blick auf die aktuelle Beschäftigung
- Entspannte Körperhaltung
- Kopf heben, ohne den Körper zu drehen
- Blickkontakt zu einem Pferd herstellen
- Blickkontakt für 10–15 Sekunden halten
- Den Kopf wieder senken
- Vorangegangene Tätigkeit wieder aufnehmen

05:37:27 Uhr – Ich habe etwas gehört.

05:37:29 Uhr – Ich halte die Verbindung zu euch.

05:37:31 Uhr – Ich habe ein zweites Geräusch gehört.

05:37:32 Uhr – Ich halte weiter Kontakt zu euch.

05:37:37 Uhr – Entwarnung für das erste Geräusch. Das zweite schaue ich mir genauer an und drehe meinen Kopf dorthin.

ICH SEHE, WAS DU HÖRST

Hält ein Pferd Wache, wird seine Körpersprache noch detaillierter und bekommt ein Niveau, dass wir Menschen nur schwer erreichen können. Aber je präziser unsere Signale auf die Umgebungsreize abgestimmt sind, desto größer wird das Vertrauen, dass uns die Herde schenkt.

Es ist kurz nach halb sechs, die Sonne ist gerade aufgegangen und Gimli hält Wache. Er steht etwa zwanzig Meter von seiner Herde entfernt auf einem kleinen Hügel auf der Lichtung in Beveroe. Die hoch gelegene Fläche ist umgeben von drei Naturwäldern. Die Bäume hinter ihm gehören zur Abbruchkante der Orchideenwiese, in seiner Blickrichtung nach vorne rechts liegt der Gespensterwald und in knapp fünfhundert Metern Entfernung zu seiner linken Seite beginnt der Ziegeleiwald.

Während seine Herde sich völlig entspannt in einer kleinen Senke an ihrem Schlafplatz aufhält und viele Tiere sogar noch liegen, ist Gimli hellwach und richtet seine Aufmerksamkeit auf den Gespensterwald. Für mich ist nicht zu erkennen was seine Aufmerksamkeit ausgelöst hat, aber der Hengst hat beide Ohren in diese Richtung gespitzt. Kann es sein, dass das Knacken ein paar alter Äste ihn beunruhigt, überlege ich, als Gimli sein rechtes Ohr zur Seite klappt. Entwarnung? Nein, es handelt sich nur um die Kontaktaufnahme zu seiner Herde. Fast zeitgleich hat eine Stute ihren Kopf gehoben und einen verbindenden Blick zu Gimli hergestellt. Dieser erwidert ihren Blick lediglich durch das Abstellen eines Ohres. Die Stute bleibt entspannt und senkt ihren Kopf wieder. Für sie scheint alles in bester Ordnung zu sein, und sie vertraut einfach darauf, dass Gimli alles im Griff hat. Zwei Sekunden später, um 05:37:31 Uhr wechselt Gimli seine Ohrenstellung. Er nimmt sein rechtes Ohr wieder nach vorne und stellt dafür sein linkes Ohr ab. Seine Hufe bleiben wie festgeklebt am Boden und auch seinen Hals bewegt er keinen Millimeter. Dafür dreht er nur eine Sekunde später sein rechtes Ohr wieder in Richtung seiner Herde, während er das andere weiterhin nach links abstellt.

Für uns wirkt es unfreundlich, wenn ein Pferd beide Ohren nach hinten dreht. Für Pferde ist das ein ganz normales Ohrenspiel. Sie lokalisieren mithilfe der Stellung ihrer Ohren die Richtung, aus der ein Geräusch kommt.

Jetzt horcht Gimli also wieder mit einem Ohr zu seiner Herde und mit dem anderen Ohr in Richtung Orchideenwiese. Auch für die nächste Stute, die einen verbindenden Blick zu Gimli herstellt, ist das kein Grund zur Beunruhigung. Allerdings ist auch kein längst überfälliges leises Brummeln als Zeichen für einen Aufbruch zu hören.

Die Herde ruht weiter, als Gimli fünf Sekunden später seinen Kopf nach links wendet und beide Ohren aufmerksam nach vorne richtet. Ein kleiner Rehbock kommt aus einer Senke etwa sechzig Meter vor ihm herausgelaufen. Nur eine Sekunde später folgt seine Entwarnung, indem er sein rechtes Ohr wieder zu seiner Herde dreht. Kurz darauf geht Gimli in seine Herde und löst durch den Kontakt zu mehreren Pferden den morgendlichen Aufbruch aus.

05:37:38 Uhr – Entwarnung auch für das zweite Geräusch.

Wache halten: Der Kopf ist gesenkt, alles ist in bester Ordnung.

Zwischendurch ein verbindender Blick zur Herde.

ÜBERSETZUNG

Das Ohrenspiel der Pferde nachzumachen, ist für uns Menschen unmöglich. Aber wir können zumindest alle anderen körpersprachlichen Signale gut getimt und dosiert einsetzen und durch unsere Körperspannung das Defizit unserer aus Sicht der Pferde verkrüppelten Ohren wegmachen. Was übrigens für Pferde überhaupt kein Problem ist.

Die alte Stute, die mit den Jungstuten ins Naturschutzgebiet Schäferhaus umgesiedelt wurde, hat aufgrund eines kaputten Nervs ein hängendes Ohr. Sie kann sich auch, ohne dass sie ihr Ohr aufrichten kann, hervorragend mit den anderen Pferden verständigen.

„War das Hängeohr ein Grund für ihre Umsiedelung?", will mein Freund wissen. „Nein, das ist wirklich kein Problem. Ich kenne in Bosnien einen Wildpferdehengst, der sein Ohr bis zum Ansatz komplett verloren hat. Der führt eine Herde von etwa zwanzig Pferden", antworte ich und ergänze: „Mit körperlichen Handicaps kommen Pferde, solange sie es schaffen, mit der Herde weiterzuziehen, gut zurecht. Die fehlende Sinneswahrnehmung kompensiert die Herde sehr gut. Auch können Pferde mit einem fehlenden Signal besser umgehen als mit einem falsch gegebenen oder verwirrenden Signal. Das liegt daran, dass eine Mitteilung immer aus mehreren zusammengesetzten Signalen besteht. Als etwas abstraktes Beispiel kannst du einen Buchtext nehmen. Ich hoffe zwar sehr, dass das Lektorat alle meine Schreibfehler korrigiert hat, aber wenn doch ein Tippfehler durchgerutscht ist, verstehst du den Satz trotzdem. Deshalb lassen wir unsere Ohren einfach mal Ohren sein und achten zunächst auf die Position, die wir einnehmen. Die zwanzig Meter Abstand, die Gimli zu seiner Herde eingenommen hat, sind dabei zu vernachlässigen. Pferde, die Wache halten, können weiter wegstehen oder näher dran und sogar zwischen den Pferden ihrer Herde. Auch sind es bei größeren Herden meist mehrere Pferde, die diese Aufgabe gleichzeitig übernehmen. Wichtig ist die Ausrichtung des Körpers nach außen. Mit der Blickrichtung weg von der Herde signalisieren wir, dass wir uns um den Bereich kümmern, dem wir uns zuwenden. Passiert dann nichts Außergewöhnliches, machen wir weiter gar nichts und können sogar in eine Art Wachschlaf fallen."

Durch die Blickrichtung und Kopfhaltung zeigen wir …

… die Position und Entfernung eines anderen Pferdes oder Objektes an.

„Wir müssen den Pferden nicht zeigen, dass wir die Umgebung abscannen und aufmerksam sind?“, wundert sich mein Freund und ergänzt, „ich hatte mich jetzt großgemacht und mit wachen Augen den Bereich vor mir abgesucht, damit alle Pferde wissen, dass ich aufpasse.“ Ganz langsam bewege ich meinen Kopf von rechts nach links: „Neiiiinnnn, das wäre vollkommen übertrieben. Wir wollen ja in der Alltagskommunikation genauso feine Signale geben wie in der Hilfengebung beim Reiten. Ein derart massives Signal beim Wachehalten wäre vergleichbar mit einem Einsatz von Sporen und Peitschen, nur um ein Pferd vom Stehen in den Schritt zu bewegen.“
Ich sehe, wie mein Freund mir zustimmt: „Bei einem gut eingespielten Pferd-Reiter-Team genügt die Veränderung der Beckenstellung, um anzureiten. Und ähnlich fein kann ich die Signale über die Entfernung geben?“ Ich nicke: „Ganz genau. Die Ausrichtung deines Körpers genügt, damit die Pferde wissen, was du machst. Du musst dann natürlich auch reagieren, wenn etwas passiert. Unterlässt du das, verlierst du an Vertrauen. Und du musst angemessen reagieren. Bemerkst du etwas, was für die Pferde beunruhigend sein könnte, veränderst du deine Aufmerksamkeit im direkten Bezug zu dem Auslöser und drehst deinen Kopf exakt in diese Richtung. Deine Körperspannung erhöhst du nur, wenn nötig und reduzierst sie wieder, sobald du die Ursache als unbedenklich eingestuft hast. Denke immer daran, eine erhöhte Körperspannung beim Wachehalten bedeutet für Pferde Grund zur Sorge und kann sie, wenn ein zweites Pferd deine Körpersprache bestätigt, in Alarmbereitschaft versetzen. Jetzt zahlt sich übrigens die lange Zeit aus, die du in den vorangegangenen Beziehungsebenen verbracht hast, denn du brauchst meist nicht überlegen, ob gerade etwas für die Pferde Beunruhigendes passiert, sondern hast ein Gefühl für die Situationen entwickelt.

„Besteht kein Grund zur Sorge, zeigen wachende Pferde es durch eine entspannte Körpersprache.“

Im Gegensatz zur ersten Begrüßung in der Herde in der Hocke erfolgt die Aufforderung zum Spiel im Stehen.

ERWACHSEN WERDEN

Den größten Schritt zum Erwachsenwerden machen wir, indem wir uns aktiv an den Spielen der Junghengste beteiligen. Da sich jederzeit mehrere Hengste unserem Spiel anschließen können, müssen wir auch ohne jedes Hilfsmittel immer die volle Kontrolle behalten.

Eine gravierende Veränderung ist, dass wir jetzt in eine taktile und gleichzeitig dynamische Kommunikation wechseln. Über Berührungen haben wir ja bereits bei der Begrüßung in der Herde auf der zweiten Beziehungsebene, und beim Ruhen oder Streicheln und der sozialen Fellpflege in der dritten Ebene kommuniziert. Jetzt sind wir aber eine Ebene weiter, wollen zeigen, dass wir Verantwortung übernehmen können und auch in einer dynamischen Kommunikation die Ruhe bewahren.
Ich sehe, wie mein Freund etwas nervös wird: „Ich fand es ganz sympathisch, dass du gesagt hast, dass du dich nicht an den Spielen der Junghengste beteiligst. Das ist jetzt anders, weil du in einer anderen Beziehungsebene bist?“ Ich nicke zustimmend: „Spielt ein erwachsenes Pferd mit einem Jungtier, läuft das anders ab. Das Spiel ist insgesamt ruhiger, kontrollierter und es fehlen die Elemente Steigen, auf die Vorderbeine gehen, sich schnell im Kreis drehen und auch Laufspiele finden nicht wirklich statt. Vielleicht traben die Pferde mal ein paar Meter, aber sie veranstalten keine wilden Verfolgungsjagden.“
Sichtlich erleichtert ergänzt mein Freund: „Und ich habe ja auch bereits das Neinsagen gelernt. Das heißt, ich kann jederzeit das Spiel beenden, wenn es mir zu heftig wird.“ Ich bin hin- und hergerissen: „Ja, du kannst zwar, wenn das Spiel außer Kontrolle gerät, das Spiel beenden, indem du weggehst und etwas anderes machst, aber das ist nicht der Sinn der Sache. Du sollst ja beweisen, dass du Junghengste auch im Spiel unter Kontrolle halten kannst.“
Beginnen wir mit dem richtigen Zeitpunkt. Morgens finden nur selten Spiele zwischen erwachsenen Pferden und Junghengsten statt. Typischer für ein Spiel ist der späte Nachmittag. In dieser Phase gehen die Aufforderungen zum Spiel sogar häufig von den Alttieren aus. Aber der Nachwuchs fragt genauso bei den erwachsenen Tieren an.
Für uns bedeutet das, dass die Spielaufforderung sowohl vom Pferd oder vom Menschen kommen kann. Mein Freund ist etwas verwundert: „Ich habe gelernt, dass ich mich nicht von einem Junghengst anspielen lassen soll.“ Es gibt einen Unterschied zwischen einer Anfrage zum Spiel und dem Nichtakzeptieren des Neinsagens nach einer Anfrage.
„Zum Spiel anfragen kann jedes Pferd. Es macht das, indem es Kontakt am Kopf aufnimmt. Jetzt aber nicht so behutsam und zurückhaltend wie bei der Begrüßung, sondern eher so wie die meisten Reiter ihre Pferde am Kopf streicheln“, bringe ich erneut eine der Lieblingsberührungen der Menschen ins Spiel, und muss dabei etwas lachen.
„Lachst du gerade die Reiter aus, die das deiner Meinung nach falsch machen?“, ist mein Freund empört. „Nein, natürlich nicht“, entgegne ich, „ich lache über mich selbst, weil ich früher durch das Streicheln am Kopf, ohne es zu wollen, ständig eine Spielaufforderung bei meinem Lusitano gestartet habe und bei einer positiven Antwort, die nichts anderes ist als eine Erwiderung der Geste, Fado dann zu Ruhe und Abstand ermahnt habe. Machst du das dann noch, indem du den Pferdekopf mit deiner Hand von dir wegschiebst, befindest du dich im Prinzip schon mitten im Hengstspiel.“

„In einer neuen Beziehungsebene ändern wir unser Verhalten und die Kommunikation.“

Die erwachsenen Tiere spielen ruhiger und kontrollierter. Die Elemente Steigen, in die Vorderbeine beißen und Hinknieen fehlen.

Jetzt lacht mein Freund mit: „Das ist so ein klassisches Missverständnis in der Kommunikation zwischen Mensch und Pferd. Verrückt, wenn man darüber mal in Ruhe nachdenkt." Ich füge dem noch hinzu: „Zumal ich vorher direkt zu meinem Pferd gegangen bin." Aus Sicht des Pferdes sieht das so aus: „Oh, das lustige Pferd ohne Ohren kommt wieder und will etwas mit mir machen. Super, er berührt mich, ohne zu warten, am Kopf. Der will spielen, das passt mir gut, ich habe hier im Paddock eh gerade Langeweile. Ich sage Ja und schubse ihn zurück. Cool, er schiebt meinen Kopf noch heftiger zur Seite und grunzt auch noch. Der Arme, seine Stimme ist nicht so toll, aber zum Glück kann er das ohne Ohren ja eh nicht hören. Aber wenn er heftig spielen will, tue ich ihm den Gefallen."
Diese Pferdegedanken sind von mir mit Absicht etwas überspitzt und vermenschlicht dargestellt, damit sie mir helfen, Fehler mit Humor zu sehen und den Umgang mit Pferden nicht unnötig zu dramatisieren.
„Aber von einem Hengst angespielt zu werden, ist doch nicht lustig", gibt mein Freund zu bedenken. „Nein, das stimmt, für mich als Mensch nicht. Aber für den Hengst schon, und ich versuche ja alles aus Sicht der Pferde zu betrachten." Der Einstieg zum Spiel ist also das Hin- und Herschubsen des Kopfes. Wir können das vergleichen mit einem Pingpong-Spiel, bei dem der Ball immer hin- und hergespielt wird. Oder um den Ernst der Lage nicht ganz zu vergessen, können wir es mit einem beginnenden Boxkampf vergleichen, denn im Prinzip ist das Spiel zwischen Hengsten ja ein spielerischer Kampf.
„Dann wäre das Hin und Her am Anfang wie eine Serie von Jabs beim Boxen", vergleicht mein Freund die Spieleröffnung. „Jabs?", frage ich. „Ein Jab ist ein leichter Schlag mit der schwachen Hand in Richtung des Gesichts. Dem wird ausgewichen und er wird genauso erwidert." Auch wenn mir der Begriff Schlag nicht gefällt, ist der Vergleich meines Freundes gar nicht so untreffend. Im Grunde kann jeder ein Bild für sich finden, das ihm oder ihr hilft, die Situation zu visualisieren. Für mich geht der „Boxvergleich" etwas zu weit. Außerdem ist Boxen nicht so mein Ding. In einem Spiel mit einem erwachsenen Pferd sollen auch eher fließende Bewegungen entstehen, wie wir sie beim Aikido finden. Beim Aikido wird die Energie des Angreifers aufgenommen

und sanft umgeleitet, wodurch eher der Eindruck entsteht, dass getanzt wird. Die Althengste stehen ähnlich ruhig, warten darauf, dass der Junghengst sich mit seinem Kopf in ihren Individualbereich begibt und blocken ihren Schwung dann nicht ab, sondern lenken ihn geschickt in den freien Raum. Dadurch übernehmen die Althengste automatisch die Führung und bringen ihrem Nachwuchs bei, ihre Kräfte schonend und dosiert einzusetzen und ein besseres Gefühl für ihr Gleichgewicht zu bekommen.
„Okay, und was heißt das für mich?", ist mein Freund verunsichert. „Soll ich jetzt erst Aikido lernen und dann mit meinem Pferd spielen?" Ich nicke einmal mehr: „Das ist eine gute Idee, ich kann dir nur empfehlen, Aikido einmal auszuprobieren. Ich habe früher intensiv verschiedene asiatische Kampfsportarten gemacht, darunter auch Aikido. Für unser Spiel mit einem Pferd kannst du daraus ableiten, dass du die hohe Energie eines Pferdes in eine ruhige, fließende Energie umwandelst und ihm beibringst, im Gleichgewicht zu bleiben. Hast du durch diese energetische Arbeit an Souveränität gewonnen, kannst du auch Junghengste, die untereinander ausgelassen spielen, zur Ruhe bringen."

Olko und auch alle anderen Althengste machen das, indem sie einfach ruhig zwischen die Junghengste gehen, dabei jeden Kontakt am Kopf vermeiden und ihre ruhige Energie auf die Hinterhand eines Tieres übertragen. Dabei berühren sie den Junghengst dort für mehrere Sekunden.
Olko macht das, indem er sanft, aber bestimmt, seinen Nasenrücken tief in die Leiste drückt. Der Junghengst stoppt daraufhin augenblicklich seine Aktivität und bleibt stehen.
Verwende ich dieses Signal, benutze ich sicherheitshalber meinen Handrücken. Einige Althengste bringen ihren Nachwuchs aber auch durch das Auflegen ihres Kinns auf die Kruppe zur Ruhe. „Möchte ich ein Pferd beruhigen, ist es also besser, es hinten zu streicheln als am Kopf", erkennt mein Freund. „Ja, wobei es immer mehr ein Berühren mit konstantem Kontakt sein sollte als eine reibende Bewegung, denn du möchtest ja die Aktivität herunterfahren."

„Erwachsene Pferde bringen Ruhe und Kontrolle ins Spiel."

Olko unterbricht das energiegeladene Spiel seiner Junghengste, indem er einem an der Leiste riecht.

ERZIEHUNG
— *Ein klarer Rahmen*

Den jungen Koniks wird es leicht gemacht, sich an die Regeln der Herde zu halten, denn es gibt nicht viele. Für die Fohlen ist die wichtigste, sich nicht von ihrer Herde zu entfernen und Junghengste müssen lernen, den Altstuten keine Avancen zu machen.

01

Ein kompliziertes Regelwerk ist nur schwer zu befolgen und sorgt für viele Probleme. Gibt es dagegen nur wenige Vorgaben und sind diese klar definiert, ist das Zusammenleben einfacher. Pferde sind wahre Meister in diesen einfachen und klaren Regeln. Ganz oben auf ihrer Agenda steht der Zusammenhalt der Herde. Das ist auch die Sache, an die manche Fohlen häufiger und eindringlicher erinnert werden müssen. Zuständig dafür sind die Mutterstute und der Herdenhengst. Sie greifen ein, wenn ihr Fohlen sich zu weit von der Herde entfernt. Entweder läuft die Stute hinterher und führt ihr Fohlen zurück oder der Hengst treibt es wieder in die Herde. Bei besonders abenteuerlustigen Fohlen agieren Vater und Mutter auch gemeinsam. Genauso gehen sie mit vereinten Kräften vor, wenn ein Junghengst eine seiner Tanten bedrängt. Zunächst schlägt ihn die Stute ab und fast gleichzeitig drängt der Althengst den Jungen zur Seite. Aber selbst dabei wendet der Althengst keine Gewalt an. Der Junghengst wird einfach auf die vorgeschriebene Distanz geschoben. Die Vorgabe des Bewegungsrahmens ist für den Nachwuchs die wichtigste Erziehungsmaßnahme.

02

01 Die wichtigste Regel für ein Fohlen heißt: In der Herde bleiben. Hält es sich nicht daran, sorgen Hengst und Stute gemeinsam dafür, dass es wieder zurückkehrt.

02 Wichtige Regel für Junghengste in der Herde: keine Altstuten decken. Nach einem Versuch drängt Olko einen seiner Junghengst zur Seite. Körperlich wird er nicht. Auch muss der Junghengst deswegen nicht die Herde verlassen oder Abstand halten. Ein paar Sekunden später ist alles wieder normal.

PFERDE LENKEN

Möchte ein Pferd ein anderes in eine bestimmte Richtung dirigieren, hat es die Wahl, mit Abstand über Körpersprache oder taktil durch Berührungen zu kommunizieren. Genauso können die Pferde beide Kommunikationswege miteinander kombinieren.

Das Privileg, ein anderes Pferd lenken zu dürfen, haben nur die erwachsenen Tiere. Die jungen Koniks lassen sich anstandslos führen und auch erwachsenen Tiere haben kein Problem damit, von einem Nachbarpferd in eine andere Richtung manövriert zu werden. Allerdings muss die Situation dafür die richtige sein. Sind die Koniks am Grasen, wird sich kein Pferd herausnehmen, einem anderen sagen zu wollen: „Du musst jetzt aber dreißig Meter weiter nach rechts oder links gehen.“ Erwachsene Pferde lenken sich nur gegenseitig, wenn die Herde in ihrer Gesamtheit ihre Zugrichtung verändern möchte und es aufgrund der Topografie oder Tierdichte eng wird.

Opurina lenkt durch leichten Körperkontakt die Stute vor ihr.

TAKTILE SIGNALE

Ist der Abstand zwischen den Pferden sehr klein, setzen sie taktile Signale ein. Durch kurze Berührungen geben sie ihrem Nachbarpferd einen kleinen Schubs in die jeweilige Richtung. Die Pferde führen den Kontakt dabei bevorzugt mit der Brust, der Schulter oder dem Bauch aus. Soll das Pferd vor ihnen mehr nach vorne gehen, kommt der Brustkontakt zum Einsatz, soll es mehr zur Seite, dann eher der Bauch, oder bei einer Kombination die Schulter.
Diese Mischung aus Anticken und Drängeln ist nicht unhöflich. Es sind die gleichen Körpersignale, die die Pferde geben, wenn sie mehr Abstand zueinander haben, nur dass sie sich berühren, wenn ihnen der Platz fehlt. Will ich als Mensch nicht auf diese Weise von einem Pferd gelenkt werden, muss ich vorher für den entsprechenden Abstand sorgen.

Die Mutterstute lenkt ihr Fohlen durch Körperkontakt.

„Ein Pferd lenkt ein anderes nur, wenn ein triftiger Grund vorliegt.“

SIGNALVERSTÄRKUNG

Befindet sich die Herde nicht in einer Vorwärtsbewegung und soll ein Pferd trotzdem die Richtung ändern und sich an eine andere Position innerhalb der Herde bewegen, kombinieren und verstärken die Pferde ihre Signale. Olko ist dabei besonders deutlich und sehr konstant in der Abfolge seiner Körpersprache. Er beginnt damit, dass er dem anderen Pferd seine Schulter zeigt. Dieses Zeigen der Schulter ist das wichtigste und gleichzeitig einleitende Signal zum Lenken eines Pferdes.

Nach Möglichkeit halten die Pferde dabei einen Abstand von ungefähr zwei Metern und geben dem anderen Pferd genug Zeit, um darauf zu reagieren. „Wie viel Zeit gibt Olko dem Junghengst, um auf sein Signal zu reagieren?", möchte mein Freund wissen. „In dieser sehr dynamischen Situation nur zwei bis drei Sekunden, bis er sein Signal durch einen Knipser in die Gurtlage verstärkt", antworte ich. In ruhigeren Situationen wartet er allerdings bis zu zehn Sekunden. Jetzt ist aber gerade etwas Unruhe aus der sich nähernden Nachbarherde in Olkos Gruppe herübergeschwappt, weshalb er seine Junghengste aus der Mitte an den Rand dirigiert. Aktiv und dynamisch, wie Olko vom Grundtyp her ist, erwartet er, dass seine Jungs in dieser Situation sofort auf seine Signale reagieren. Machen sie das nicht, verstärkt er umgehend sein Kommando, indem er einen dynamischen Kontakt kurz vor die Leiste setzt. „Olko berührt jetzt zum Bewegen eines anderen Pferdes die gleiche Stelle wie die zur Beruhigung des energiegeladenen Spiels der Junghengste?", erinnert sich mein Freund. „Ja, richtig. Bei der taktilen Kommunikation kommt es auch auf Intensität, Dynamik und Dauer eines Signals an. Jetzt stellt Olko den Kontakt nur kurz her und berührt den Junghengst mit der Nasenspitze, während er zur Beruhigung seinen Nasenrücken lange, sanft und tief in die Leiste gedrückt hat. Eine Gemeinsamkeit können wir aber beobachten. Beide Male stellt Olko keinen Kontakt zum Kopf her, was so viel heißt wie: Ich möchte nichts mit dir zusammen machen, sondern ich erwarte, dass du dein Verhalten oder deine Position änderst."

Das Zeigen der Schulter.

FÜR UNS MENSCHEN

Alle Signale, die Pferde nutzen, um ein anderes zu lenken, können wir, da Pferde instinktiv auf sie reagieren, hervorragend übernehmen. Nicht umsonst funktionieren die Bodenarbeit und auch das Reiten so gut. Wir sollten allerdings bedenken, dass die taktilen Signale eher selten und sparsam eingesetzt werden. Einen Zug am Kopf, wie er von uns schnell am Halfter eingesetzt wird, kennen Pferde, um sich gegenseitig zu bewegen, überhaupt nicht. Ich nutze deshalb vor allem zwei Signale: das Zeigen der Schulter und eine sanfte Berührung am Bauch. Eine sanfte Berührung am Bauch verwende ich, wenn wir in Bewegung sind, und ich ein Pferd seitlich überhole oder wenn es an mir vorbeigeht. Diese Berührung gleicht eher einem Streicheln, ohne dass ich den Arm oder die Hand bewegen muss, und signalisiert dem Pferd, dass wir zusammen unterwegs sind und der Platz zwischen uns genau richtig ist. Möchte ich dagegen ein Pferd bewegen, zeige ich ihm meine Schulter. „Das Zeigen der Schulter kannst du am besten ausprobieren, wenn dein Pferd im Weg steht und du dort vorbei möchtest. Du gehst dann langsam auf dein Pferd zu, bleibst in einem Abstand von zwei Metern stehen, drehst deinen Kopf etwas zur Seite und wartest einen Moment, damit dein Pferd Zeit hat, um dir Platz zu machen. Mehr ist meist nicht nötig, um ein Pferd zu bewegen", gebe ich meinem Freund als Tipp mit auf den Weg.

Olko lenkt den Hengst neben ihm durch das Zeigen seiner Schulter.

Kurzer Kontakt in der Gurtlage.

Verstärkung des Signals in der Schenkellage.

Die Richtung stimmt jetzt. Olko hebt seinen Kopf und beendet kurz darauf die Kommunikation.

Überschlagender Rückzug: Die Pferde sichern sich gegenseitig ab. Gimli (ganz links) wartet, bis seine Herde komplett ist.

GESICHERTER RÜCKZUG

Die erwachsenen Tiere strahlen eine leichte Unruhe aus. Nicht, dass sie hektisch umherlaufen oder anfangen zu wiehern, nein, sie bleiben einfach häufiger und länger stehen und gucken dabei nicht in ihre Herde, sondern beobachten ihre Umgebung. Sie fühlen sich unsicher.

Diese Unsicherheit löst nach kurzer Zeit einen Standortwechsel aus, der die Koniks von der Lichtung auf Beveroe durch den Ziegeleiwald bis zum Eschenholz kurz vor der Windmühle Charlotte führen wird. „Was hat diese Unsicherheit ausgelöst", möchte mein Freund wissen. „Laute Menschen", nenne ich ihm den Grund für diesen Rückzug. „Ach, das ist ja wieder so typisch", urteilt mein Freund mit seinem neu entwickelten Gefühl für die Bedürfnisse der Pferde. Zu seiner Verwunderung finde ich das gar nicht so dramatisch. Klar ist es nicht gut, wenn Wildtiere gestört werden, und nicht ohne Grund sprechen Ranger in Schutzgebieten oder Jäger im Wald Besucher darauf an.

Viele Tiere reagieren schon auf kleinste Störungen sehr empfindlich. Besonders für Tiere, die sozusagen ein festes Zuhause haben und ihren Nachwuchs dort bekommen, kann das ein großes Problem werden. So verlassenen einige Vögel ihre Brut für immer, wenn ein einzelner Mensch sich länger als eine halbe Stunde in der Nähe aufhält, selbst wenn er leise ist. Das ist einer der Gründe, warum es Wanderwege gibt. Da Pferde eher ein Nomadenleben führen und ihr Nachwuchs schon wenige Minuten nach der Geburt mitlaufen kann, ist das für die Koniks kein so großes Problem. Außer, sie werden ständig gestört. Dann ziehen sie sich in entlegenere Gebiete zurück.

Der häufigste Grund für einen außerplanmäßigen Rückzug ist übrigens ein Wetterwechsel. Der Ablauf ist dabei identisch. Die Herde verlässt ein klar definiertes Gebiet, sammelt sich vor einem Kreuzungspunkt, durchquert diesen zügig, wechselt anschließend, bevorzugt in einem Wald oder einem schwer einsehbaren Bereich, die Richtung. Manchmal erfolgen sogar mehrere Richtungswechsel, die auch in einem höheren Tempo durchgeführt werden können. Das Ganze erfordert natürlich eine gute Koordination und Disziplin zwischen den Pferden.

„Nicht ein einzelnes Tier sorgt für die Sicherheit, sondern die Gemeinschaft."

Gimli ist wieder an seiner Herde vorbeigezogen und führt sie durch den Wald bei Beveroe.

Ich stelle mich einfach genauso hin wie Gimli.

VERTRAUEN FESTIGEN

Für mich als mittlerweile erwachsen gewordenes Mitglied der Herde ist der gesicherte Rückzug eine weitere Möglichkeit, um das gewonnene Vertrauen zu festigen. Was hier passiert, ist, dass die erfahrenen Tiere auf eine unruhige Situation reagieren und die Herde wieder in ein, wie man an der Küste sagen würde, sicheres Fahrwasser bringen. Daran beteilige ich mich einfach.
„Einfach?", kommentiert mein Freund. „Ja, tatsächlich ist das nicht so schwierig, du musst nur auf Zack sein. Gerade im Wald oder kurz danach, wenn die Pferde gerne mal ein Stück galoppieren", beschreibe ich die einzige Herausforderung.
„Galoppieren?", fragt mein Freund ungläubig. „Bei einem gesicherten Rückzug wird meist nur ein kurzes Stück galoppiert, das ist eher, wie einen Haken schlagen. Kein Problem, wenn du vorher auf die Signale der Pferde achtest, dann weißt du, wo es lang geht."
Noch genauer weiß man natürlich, wo es lang geht, wenn man den Weg bestimmt. Ich arbeite jetzt aber nur als Teamplayer mit. Die Führung und damit die Entscheidung, welchen Weg die Herde einschlägt, liegt weiterhin beim Althengst.
Dabei spielt es keine Rolle, an welcher Position er sich innerhalb seiner Herde befindet. Das würde auch nicht funktionieren, da er während des gesicherten Rückzugs wiederholt seine Position ändert und dadurch im Wechsel mit den erwachsenen Stuten oder den Hengsten der anderen Herden die Sicherung durchführt.
„Ist das die Vorstufe zur Flucht?", fragt mein Freund. „Genau, das Leben ist nur selten schwarz oder weiß, und besteht auch bei den Koniks aus vielen Grautönen. Weiß wäre, wenn sie sich mehrere Tage an einem Ort aufhalten, schwarz dagegen eine panische Flucht. Über hellgrau, den einfachen Weidewechsel, haben wir bereits gesprochen. Der gesicherte Rückzug ist quasi dunkelgrau", verdeutliche ich noch einmal die Unterschiede der Herdenbewegungen.
Im Unterschied zum Lenken eines einzelnen Pferdes, das sowohl aus der Nähe durch Berührungen oder auf die Entfernung mittels Körpersprache erfolgen kann, funktioniert das Lenken einer größeren Herde nur mit etwas Abstand, also durch Körpersignale. Diese können wir grundsätzlich in zwei Kategorien einteilen: die Richtungsweisenden und die, die das Tempo regulieren. Diese beiden Steuerungsmöglich-

keiten werden natürlich von den Pferden auch kombiniert, sodass sie gleichzeitig Richtung und Tempo regulieren können. Fürs Tempo ist das supereinfach. Wird ein lenkendes Tier langsamer, wird auch die Herde langsamer, legt es an Tempo zu, macht es die Herde genauso. „Und bleibt es stehen, sind sie angekommen", zieht mein Freund leider die falsche Schlussfolgerung. „Nein. Das Stehenbleiben und Sich-Umgucken ist die Sicherung des Rückzuges und dabei wechseln sich die Pferde ab. Das ist genau der Moment, an dem ich beginne, Verantwortung zu übernehmen. Dafür bleibe ich genauso wie die erfahrenen Koniks an der Seite stehen, lasse die Herde vorbeiziehen und schließe dann wieder auf.

In dem Moment, wo ich und auch ein anderes Pferd, welches die Umgebung gesichert hat, sich wieder mit der Herde bewegt, bleibt ein Pferd an der Spitze der Herde stehen und übernimmt die Sicherung, bis wir vorbeigezogen sind und uns wieder ganz vorne befinden.

„Beim Militär nennt man diese gegenseitig wechselnde Sicherung in der Bewegung Überschlagenden Rückzug", merkt mein Freund an. Ich mag die Verwendung von militärischen Begriffen eigentlich nicht, aber mein Freund hat recht. Letztendlich ist es für Pferde, die nun einmal Beutetiere sind, essenziell wichtig, gut funktionierende Methoden zur Sicherung, Flucht und Verteidigung zu haben.

„Und wie zeigen die Koniks die Richtung an?", möchte der Ex-Soldat jetzt natürlich noch wissen. „Die mithelfenden Pferde und auch ich machen das durch die Position, die wir bei der Sicherung einnehmen. Wir fungieren dann wie Bojen auf dem Meer und zeigen durch die gedachten Linien zwischen uns die „Fahrrinne" an. Dabei müssen wir natürlich auf die Signale des Althengstes achten und unsere Positionen exakt nach seinen Kommandos ausrichten. Der Althengst zeigt dagegen mithilfe seiner Stellung und Biegung die Richtung auch während der Bewegung an.

Auf dem Weg zum Eschenholz: Bis zur Ankunft sichern die Pferde sich immer wieder gegenseitig ab.

Karl bleibt hinter dem Graben stehen und zeigt durch das Präsentieren seiner Schulter an, dass der Graben eine Grenze ist.

GRENZEN SETZEN

Nach einem Rückzug, einer Flucht oder auch einem ganz normalen Standortwechsel kann es vorkommen, dass sich die Herden sehr nahekommen. In diesem Fall setzen die Althengste Grenzen, um so die Ordnung im Herdenverband wiederherzustellen.

Es ist fast windstill an diesem Hochsommertag. Dazu ist die Luft warm und feucht, was die Mücken zu riesigen Schwärmen anwachsen lässt. Statt diese Zeit in der Nähe der Küste zu verbringen, zieht Karl mit seiner Herde erneut in die feuchte Senke in der Mitte der Birk. Schon in den letzten Tagen haben sich die Koniks öfter hier, kurz vor der Alten Plantage, aufgehalten und sich kaum fortbewegt. Sowohl die Fresszeiten als auch die Ruhephasen haben sie hier verbracht. Entsprechend abgefressen und herunter getrappelt ist dieser Bereich und erinnert mich an eine überbeanspruchte Pferdekoppel. Nur dass die Koniks freiwillig auf dieser fast vegetationsfreien Fläche verweilen.

Die Erklärung dafür ist einfach. Durch die minimierte Vegetation sind hier tatsächlich viel weniger Mücken als dreihundert Meter weiter. Dazu weht genau an dieser Stelle ein kleines Lüftchen, und so freue auch ich mich, dass Karl uns wieder hierhergeführt hat. Es ist ein überraschend angenehmer Ort, der nahezu insektenfrei ist. Kein Wunder, dass sich die anderen Herden Karls Gruppe angeschlossen haben, und wie selbstverständlich ist auch die Junggesellengruppe mitgekommen. Dass die Jungs mitkommen, ist für Karl vollkommen in Ordnung, sie müssen nur Abstand halten.

Um die Grenze zu seiner Herde zweifelsfrei zu definieren, bindet Karl routiniert die Bodenstruktur ein, in diesem Fall einen alten Entwässerungsgraben. Direkt nachdem er diesen mit seiner Herde überquert hat, bleibt er stehen und stoppt die Junghengste durch das Zeigen seiner Schulter. Diese verstehen sein Signal sofort und halten direkt vor dem Graben an.

Die Pferde aus Karls Herde gehen über den Graben. Die Junghengstegruppe stoppt respektvoll.

Der Graben ist eine eindeutige Grenze. Die Junghengste wenden sich ab und bleiben auf der anderen Seite.

In den meisten Fällen genügt dieses einfache Signal. Nicht zu unterschätzen ist dabei die Wirkung, nachdem die Pferde vorher in einer längeren, gleichmäßigen Vorwärtsbewegung waren und der Althengst jetzt direkt hinter einer natürlichen Grenze stehen bleibt, sich umdreht und seine Schulter zeigt. Oft bleibt er dann noch etwas länger stehen, um sein Signal zu verdeutlichen, während der Rest seiner Herde weitergeht oder anfängt, am kurzen Gras zu knabbern. Erst nach einer Weile drehen sich alle Beteiligten um und der Dialog ist vorerst beendet.

„Vorerst beendet", fragt mein Freund nach, „und was würde passieren, wenn die Junghengste die gesetzte Grenze nicht akzeptieren und den Graben überqueren?" „Das ist recht selten der Fall. Aber ein feuriger Junghengst wie Romek kann so eine Grenze schon mal übertreten", bringe ich die verschiedenen Charaktere der Pferde wieder ins Spiel, „der muss dann mit den Konsequenzen leben und wird sehr dynamisch wieder zurückgejagt." Noch interessanter ist allerdings die Fortführung des Gespräches, nachdem die Junghengste die Grenze respektiert haben.

Karl geht zurück durch den Wassergraben zu den jungen Koniks und beginnt mit ihnen zu spielen. „Zu spielen?", fragt mein Freund erstaunt. „Ja, und zwar genauso, wie es ein erwachsenes Pferd innerhalb seiner Herde mit einem Jungtier macht." Ich merke, wie mein Freund vom Verhalten des souveränen Althengstes beeindruckt ist.

„Das finde ich total cool. Wie kann ich das mit meinen Pferden nachmachen?", fragt mein Freund aufgeregt. „Gar nicht", antworte ich prompt. Etwas enttäuscht versucht mein Freund das zu verstehen: „Weil ich nicht so eine Ausstrahlung habe und nicht so souverän bin wie Karl?" Ich schwanke etwas hin und her: „Na ja, es gehört schon ganz schön was dazu, sich einfach hinzustellen und vier oder fünf dreijährige Hengste aus der Bewegung zu stoppen und aus der Entfernung zur Ruhe zu bringen. Und auch, um mal eben kurz zwischen sie zu gehen, ein kontrolliertes Spiel zu beginnen und auch wieder gezielt zu beenden, ohne dass sie dir folgen, ist eine äußerst anspruchsvolle Kommunikation. Aber das ist gar nicht der Punkt. Du befindest dich zurzeit mit deinen Pferden in der vierten Beziehungsebene. Ihr seid also eine Herde und innerhalb einer Herde werden solche Grenzen nicht gezogen.

DER SCHUTZ DER HERDE

„Deine Aufgabe ist es also, deine Pferde durch das Setzen solcher Grenzen zu schützen." Etwas irritiert wiederholt mein Freund: „Zu schützen? Wovor? Vor anderen Pferden?" Ich kneife ein Auge zu: „Sagen wir mal vor Unruhe. Ein Pferd, das die Führung übernommen hat, hat die Aufgabe dafür zu sorgen, dass die Herde möglichst wenig gestört wird."
Mein Freund denkt nach und geht dabei hin und her. Ich stelle mich vor ihn, greife seine Arme und drehe ihn um 180 Grad. „Werfe doch einmal einen Blick in die andere Richtung. Den Junghengsten hat Karl ja gesagt, bis hier hin und nicht weiter, und seiner eigenen Herde?", meinem Freund fällt es wie Schuppen von den Augen, „seiner Herde hat er genauso eine Grenze aufgezeigt. Im Prinzip hat er gesagt: Hinter dem Wassergraben habt ihr Ruhe und seid sicher. Darum kümmere ich mich."
Ich freue mich, dass mein Freund eine der wichtigsten Aufgaben verstanden hat: dafür zu sorgen, dass die Herde Ruhe hat und sich sicher fühlt. Karl geht allerdings noch einen Schritt weiter. Er setzt zwar die Grenze für die Junghengste, grenzt sie aber nicht vom Herdenverband aus und signalisiert ihnen, dass sie mit dem entsprechenden Abstand willkommen sind und zur Gemeinschaft dazugehören.

„Hengste setzen Grenzen, grenzen aber nicht aus."

Karl geht anschließend in die Gruppe der Junghengste. Sie sollen zwar Abstand halten, gehören aber trotzdem dazu.

01

IM VERTRAUEN
— *Führung annehmen*

Von Pferden die Führung angeboten zu bekommen, ist der größte Vertrauensbeweis, der von ihnen ausgesprochen werden kann. Das Pferd oder der Mensch, der dieses Angebot annimmt, verpflichtet sich mit der Annahme, immer zum Wohl der Herde zu handeln.

Pferde unterscheiden in der Führung: die Autorität nach außen, und damit die Vertretung gegenüber anderen Herden, und der Führung innerhalb der Herde. Während das Souverän innerhalb der Herde je nach Situation wechseln kann, bleibt die äußere Autorität immer bei einem Pferd, dem Herdenhengst. Diese Position als Mensch einzunehmen, ist ausgesprochen anspruchsvoll und bedarf außerdem einem sehr hohen Zeitaufwand sowie einem hohen Maß an Konsequenz und Beständigkeit.

Erfahrene Herdenhengste sind Meister in der Balance zwischen ihrer autoritären Präsentation ihrer Herde gegenüber anderer Herden und dem fürsorglichen Sich-Kümmern innerhalb ihrer Gruppe. Sie nehmen dafür gerne die Unterstützung anderer erwachsener Pferde an.

Nur wenn ein Hengst dieses Wechselspiel beherrscht und sowohl körperlich und geistig in der Lage ist das kontinuierlich durchzuhalten, schließen sich ihm Pferde an und erlauben ihm, die Herde zu führen. Schwindet dieses Vertrauen, verlassen die Tiere seine Herde.

Dass ein Wechsel der Autorität innerhalb einer Herde stattfindet, der Herdenhengst quasi abgewählt und durch einen neuen ersetzt wird, habe ich noch nicht beobachtet. Der typische Weg ist, dass die Pferde die Herde wechseln oder sich neue Herden bilden, in denen das Vertrauen von Grund auf neu aufgebaut wird.

02

01 Führung können nur Pferde übernehmen, die das Vertrauen ihrer Herde genießen. Gimli sichert seine Herde nach außen ab.

02 Der Kontakt zur Herde darf nicht fehlen. Nur wenn der Hengst beides, den Kontakt zu anderen Herden und den Kontakt zu den Pferden seiner Herde gleichermaßen verlässlich hält, vertraut ihm seine Herde die Führung an.

LEADER

— *Verantwortung tragen*

BIN GLEICH ZURÜCK

Ausgehend von dem Führungsauftrag des Hengstes und der damit einhergehenden Vertretung seiner Herde gegenüber den anderen Gruppen, ist es eine logische Konsequenz, dass der Althengst von Zeit zu Zeit seine Herde verlässt, um diese Kontakte zu pflegen.

Einfach so weggehen, um eine andere Herde zu besuchen, ist auch für den Herdenhengst nicht möglich. Er geht nur, wenn er überzeugt davon ist, dass seine Herde sicher ist. Für die Herdensicherheit spielen für den Hengst mehrere Faktoren eine Rolle. Zunächst muss es für ihn unwahrscheinlich sein, dass in nächster Zeit ein Raubtier angreift. Dann sollte sich kein anderer Hengst, der Interesse an einer seiner Stuten hat, in der Nähe der Herde befinden. Außerdem achtet er darauf, dass seine Herde einigermaßen geschlossen steht oder grast, und das in Kürze kein Standortwechsel ansteht. Sind alle Punkte erfüllt, begibt er sich zunächst an den Rand seiner Herde.

Gimli steht am Rand seiner Herde. Er macht sich bereit, seine Herde für eine Weile zu verlassen.

Von dieser Position aus kann er dann entweder sofort losgehen oder erst einmal warten. „Worin besteht der Unterschied zwischen dem am Rand stehen und warten, gegenüber dem Wachehalten", möchte mein Freund berechtigterweise wissen.

„Ein Unterschied ist kaum vorhanden", muss ich zugeben, „oft ist der Übergang sogar fließend. Zunächst hält der Hengst Wache, und wenn eine andere Herde in Sichtweite kommt, wird er aufmerksam und macht ein paar Schritte in die Richtung der anderen Gruppe, bleibt dann aber wieder stehen und wartet auf die Reaktion des anderen Herdenhengstes." Es gibt dann drei verschiedene Möglichkeiten. Entweder die Hengste halten nur kurz Blickkontakt und gehen dann wieder zurück in ihre Herden, oder sie bleiben für längere Zeit entspannt mit größerem Abstand zueinander stehen, ohne einen Dialog zu beginnen. Die dritte Option ist der Beginn einer direkten Kommunikation. „Wonach richtet sich ihr Vorgehen?", fragt mein Freund. „Das entscheidet jeder Hengst für sich selbst und unterstreicht damit seine Autorität."

„Hengste entfernen sich nur von ihrer Herde, wenn sich diese in Sicherheit befindet."

LÄNGERE AUSFLÜGE

Nicht immer befinden sich die Nachbarherden in unmittelbarer Nähe. Die Koniks sind zwar insgesamt sehr gesellige Pferde und vor allem die älteren beiden Herden auf der Geltinger Birk, die von Karl und Olko, stehen oft nah beieinander, aber dieses sehr freundschaftliche Verhältnis besteht nicht unter allen Herden. Trotzdem halten alle Gruppen Kontakt zueinander. Je größer der Abstand der Herden zueinander ist, desto weiter müssen sich die Hengste für ein Treffen von ihrer eigenen Herde entfernen.
Die Begegnungen finden selten auf halben Weg, also im gleichen Abstand zu den jeweiligen Herden statt. In der Regel begibt sich einer der Hengste auf den Weg und wartet dann in der Nähe der Nachbarherde. Signalisiert der andere Herdenhengst kein Interesse an einem Kontakt, kehrt der Hengst wieder zurück in seine Herde und hat, obwohl kein richtiges Gespräch zustande gekommen ist, die Beziehung zwischen den Herden gepflegt.
„Kann ich daraus ableiten, dass ich meine Pferde zu Hause für eine gewisse Zeit alleine lassen kann und kehre ich dann zu ihnen zurück, bin ich trotzdem noch Teil der Herde?", versucht mein Freund eine Parallele zu diesem Verhalten zu finden. „Ja, obwohl ich finde, dass es diese Theorie recht weit hergeholt ist, funktioniert es in der Praxis ganz hervorragend. Entscheidend dabei ist, in welchem Moment du die Gruppe verlässt, wie lange du wegbleibst und wie du wieder zurückkehrst. Passen diese drei Komponenten zusammen, stärkst du damit sogar das Vertrauen in eine verantwortungsvolle Führungsposition", stimme ich ihm zu und ergänze, „bei den Koniks auf der Birk mache ich das regelmäßig, um zum Auto zu gehen, um mir neues Trinkwasser zu holen. Kehre ich dann kurz darauf wieder zurück, kann ich genauso wie ein Althengst nach einem Ausflug wieder zurück in die Herde gehen."

Nur wenn Gimli überzeugt davon ist, dass seine Herde in Sicherheit ist, macht er längere Ausflüge.

DIE RÜCKKEHR

Bei der Rückkehr ist es wichtig, dass wir uns weiterhin so verhalten, als ob wir immer noch zur Herde gehören. Starten wir jetzt eine sukzessive Annäherung wie vor der Einladung in die Herde, verwirren wir die Pferde. „Das heißt, ich kann dann einfach direkt zu meinem Pferd gehen und etwas mit ihm machen?", schlussfolgert mein Freund.

„Nicht ganz", nehme ich wieder etwas Tempo heraus, „du kannst jetzt zwar auf direktem Weg zurück in die Herde gehen, innerhalb der Herde gelten aber immer noch die gleichen Regeln wie zuvor. Außerdem ist der Ablauf deiner Rückkehr abhängig von der Dauer deiner Abwesenheit und ob du dich komplett aus dem Sichtfeld deiner Pferde entfernt hast. Warst du nur kurz weg, weil du einen anderen Reiter, der gerade in den Stall gekommen ist, begrüßt hast und gehst dann gleich wieder zurück zu deinen Pferden, machst du einfach so weiter wie vorher. Warst du aber über Nacht weg und kommst am nächsten Morgen wieder, solltest du kurz Hallo sagen", verdeutliche ich den Unterschied. „Kommt so etwas bei den Koniks auch vor? Lässt Gimli seine Herde über Nacht allein?", fragt mein Freund ungläubig. „Ja, das kommt zwar nicht häufig vor, aber Gimli hat seine Herde sogar schon für mehrere Tage an der Lichtung vor dem Ziegelwald geparkt, um dann nach neuen Stuten Ausschau zu halten", beschreibe ich das typische Hengstverhalten.

„Und wie ist Gimli nach so langer Zeit wieder in seine Herde zurückgekehrt?", hakt mein Freund nach. „Zielstrebig auf geradem Weg, ohne Hektik und dennoch zügig. Die Jungtiere am Rand hat er nicht weiter beachtet, aber er hat kurz zu zwei älteren Stuten in der Mitte der Herde Nasenkontakt aufgenommen. Danach war alles wieder genauso wie vorher", beschreibe ich seine Rückkehr, die übrigens bei wild lebenden Pferden in anderen Ländern nach exakt dem gleichen Muster erfolgt.

„Ich muss also nicht jedes Pferd einzeln begrüßen, wenn ich zu meinen Pferden zurückkomme?", vergewissert sich mein Freund. „Richtig. Warst du länger weg, gehst du direkt zu deinen Lieblingspferden oder den erwachsenen Tieren. Du solltest aber in einem Abstand von ein paar Metern kurz anhalten, damit sie dich wahrnehmen können und eindeutig wiedererkennen. Dann kannst du aber ohne weiteres Zögern auf sie zugehen und einen kurzen Nasenkontakt von ein bis drei Sekunden herstellen, und anschließend weitergehen und dich der Gruppenaktivität anschließen", verdeutliche ich noch einmal den wichtigen Unterschied zur ersten Willkommensbegrüßung eines Jungtieres in einer neuen Herde. Meinem Freund scheint dieser Ablauf zu gefallen: „Kann ich das nicht gleich von Anfang an so machen?" Ich schüttle entschieden den Kopf: „Nein, auf keinen Fall! Dann würdest du ja das Verhalten des jungen Rapphengstes Romek nachmachen und würdest für eine Kontaktaufnahme eine Auseinandersetzung in Kauf nehmen. Dringt ein fremder Althengst in eine Herde ein, um ein Pferd zu entführen, kommt es fast immer direkt zu einem Beschädigungskampf", warne ich ihn.

Als Mitglied der Herde kann ein Pferd nach Abwesenheit ohne zu zögern in seine Gruppe zurückkehren.

UND TSCHÜSS

Für jedes Pferd, außer dem Herdenhengst, besteht die Möglichkeit, seine Gruppe ganz zu verlassen. In den meisten Fällen verlässt ein Pferd aus eigenem Antrieb seine Herde. Bei Theo war das anders: Er musste gehen.

Theo wurde im Frühjahr 2016 in Gimlis Herde geboren und musste sie im Spätherbst 2019 auf die unmissverständliche Anordnung seines Vaters verlassen. Als ich den zu diesem Zeitpunkt dreieinhalb Jahre alten Hengst dann ganz alleine knapp dreihundert Meter entfernt von seiner Geburtsherde stehen sah, dachte ich zunächst, er wäre krank oder verletzt. Aber nein, körperlich war er topfit, nur musste er wohl zunächst seinen Rausschmiss verkraften.

„Warum musste er seine Herde verlassen, hat er etwas falsch gemacht?“, fragte mein Freund besorgt. Eine gute Frage, die uns direkt betrifft, wenn wir uns in einer Herde wie ein Junghengst verhalten, der langsam erwachsen wird. Zumal sich Theo sehr gut mit allen Pferden verstanden hat. Auch hat er seinem Vater dabei geholfen, die Herde zusammenzuhalten und hat sich nie zu weit von der Herde entfernt.

„Als Theo älter wurde, hat er aber angefangen, einige Stuten und deren Fohlen sehr eng an sich zu binden, sodass es den Anschein machte, es bildet sich eine eigene Herde innerhalb der Herde“, erkläre ich den Grund für seinen Rausschmiss. Eigenständige Untergruppen innerhalb einer Herde werden von den Althengsten selten toleriert. Zeigt sich eine solche Entwicklung, greifen sie regulierend ein. Allerdings wird dann nicht die ganze sich bildende Untergruppe vertrieben, sondern nur der Verursacher. In diesem Fall Theo. Wir müssen also darauf achten, dass die Herde eine zusammenhängende große Gemeinschaft ist. Wie schwierig das ist, zeigt sich daran, dass es in der Natur nur wenige sehr große Herden gibt.

Nach fast vier Jahren muss Theo die Herde von Gimli verlassen.

PASSEN WIR ZUSAMMEN?

Es gibt ja die beiden Sprüche: „Gleich und gleich gesellt sich gern" und „Gegensätze ziehen sich an". Beide haben ihre Berechtigung. In jungen Jahren verläuft es meist wie bei Gimli und Theo sehr harmonisch, wenn zwei ähnliche Charaktere zusammenleben. Das kann sich später ändern und wenn es sich um ein Führungsteam handelt, ist es besonders wichtig, dass die Partner sich gegenseitig ergänzen.
Dabei spielt es keine Rolle, ob es sich um zwei Hengste oder Hengst und Stute handelt. Als Mensch können wir uns mit unserem Charakter dabei nicht herausnehmen. Sind wir vom Typ her annähernd identisch mit dem Pferd aus der Gruppe, das die Hengstrolle übernommen hat, gibt es nur zwei Möglichkeiten: Entweder wir trennen uns oder wir befinden uns dermaßen in Balance, dass wir je nach Situation und Gesprächspartner eine andere Eigenschaft in den Vordergrund stellen können.
„Meinst du damit, dass wir uns verstellen sollen?", greift mein Freund die zweite Option auf. „Nein, nicht verstellen, sondern vom Verhalten her bewusst an unser Gegenüber oder eine Situation anpassen. Du kannst es gerne individuelle Empathie nennen." Als Mensch haben wir den Vorteil, dass wir Zusammenhänge rational erfassen und reflektieren können. Dadurch können wir uns bewusst machen, welcher der fünf Charaktere bei uns dominiert und ob wir uns im Gleichgewicht befinden.
Mein Freund erinnert sich an die fünf Pferdetypen, von denen ich ihm erzählt habe: „Das heißt, in jedem von uns steckt ein Olko, Romek, Gimli, Michel oder eine Opurina?"
Ich grinse: „Ganz genau. Ich habe diese fünf

Opurina beobachtet genau, was in den Nachbarherden passiert.

Koniks ganz bewusst ausgewählt, weil diese fünf Pferde die verschiedenen Charaktere fast in Reinform verkörpern.“ Seine Augen blitzen erwartungsvoll: „Wer bist du?“, fragt er mich. „Die größte Übereinstimmung habe ich mit Michel und danach mit Olko. Deshalb war es für mich auch zunächst sehr einfach, in ihre Herden aufgenommen zu werden, denn bei Olko kann ich meinen dominierenden Typ, den Michel, einfach im Vordergrund lassen, während ich in Michels Herde mehr meine Olko-Charaktereigenschaften eingebracht habe“, beschreibe ich die Technik. „Und das funktioniert?“, hakt mein Freund nach. „Ja, das funktioniert ganz hervorragend.“ Nicht nur bei mir. Olko und Michel sind noch nie aneinandergeraten. „Hättest du nicht auch Romek oder Opurina nachmachen können?“, sucht mein Freund nach Alternativen. „Nein, von diesen beiden Charakteren ist nur sehr wenig in mir. Außerdem war mit Opurina schon ein starker Charakter an Olkos Seite und Michel hat eine schwarze Stute, die so feurig ist wie Romek als eine seiner Lieblingsstuten. Bei ihr sind die Wesenszüge nur nicht so auffällig, weil sie einerseits eine Stute ist und zudem auch viel älter“, skizziere ich, wie wir eine ausgeglichene Dreierkonstellation in der Führung einer Herde bilden können. „Und wie passt du deinen Charakter auf die jeweilige Situation an?“, greift mein Freund das Thema wieder auf. „Das ist sogar noch etwas einfacher und wir können das im Alltag üben, bevor wir es bei den Pferden machen. Nehmen wir einmal das Beispiel, dass ich Vorträge über die Koniks halten möchte. Zunächst muss ich erst mal so aktiv wie Olko werden und möglichst viele Partner finden, die mir helfen, die Vorträge in verschiedenen Städten durchzuführen. Dann muss ich natürlich die Präsentation ausarbeiten und die Vortragstour so planen, dass ich mit möglichst wenig Aufwand viele Menschen erreiche, so wie Michel, der ohne Kraft zu vergeuden, viele Pferde um sich sammelt. Als Nächstes mache ich mich auf den Weg und bin dabei so umsichtig wie Opurina und sorge dafür, dass ich rechtzeitig vor Ort bin und alles dabeihabe. Der Vortrag selbst ist natürlich Show und muss die Zuschauer so in den Bann ziehen wie Romek.

Theo hält 300 Meter Abstand von seiner Geburtsherde.

Und hinterher kann ich mich unter die Zuschauer mischen und bei Snacks und Getränken klönen und Fragen beantworten, so wie Gimli oder Theo unauffällig die Gruppen verbinden.“ Sehr direkt fragt mein Freund: „Dann sind deine Vorträge spaßfrei, weil du wenig von Romek in dir hast?“ Mit großen Augen entgegne ich: „Ich hoffe nicht! Aber die Blicke so auf mich zu ziehen, wie es Romek macht, liegt nicht in meiner Natur. Das umgehe ich dann einfach durch die Präsentation der Filmaufnahmen der Koniks. Die ziehen die Zuschauer dann in ihren Bann und die Wildpferde übernehmen für mich die Show. So können wir immer Mittel und Wege finden, die eine Aktivität rund machen oder fachlich ausgedrückt in Balance bringen, ohne dass wir selbst alle Charaktere zeigen und uns verstellen müssen. Situationen, in denen Aktivität, vorausschauendes Denken, Spaß, gemütliches Beisammensein oder Vorsicht geboten sind, finden wir genauso im Tagesablauf der Pferde.“ Mein Freund kommt noch einmal auf Theo zurück: „Wie lief das mit Theo weiter?“ Theo ist nicht in eine andere Herde gewechselt, sondern hat eine eigene gegründet, die sehr schnell auf fünf Tiere angewachsen ist, und er hat sich zu einem selbstbewussten Hengst entwickelt.“

Auf der Suche nach einer neuen Herde. Für ein Pferd aus dem Herdenverband dauert es nicht lange, bis es wieder Anschluss findet.

EINE NEUE HERDE

Verlässt ein Pferd seine Herde, egal ob freiwillig oder nach Aufforderung, kann es entweder in eine andere bestehende Gruppe wechseln oder eine neue Herde gründen. Entsteht eine neue Herde, kann es für uns eine sehr gute Möglichkeit sein, um diese aktiv mitzugestalten.

Es muss nicht immer ein Hengst sein, der eine neue Herde gründet. Der Impuls kann auch von einer Stute ausgehen. Dieser uns auf dem ersten Blick untypisch erscheinende Weg, ist sogar etwas einfacher. In der Regel gibt es immer ein paar lose organisierte Junggesellengruppen, die sich in der Nähe der gemischten Herden aufhalten und natürlich auch Interesse an Stuten haben. Nur ist es für sie schwer, einen Kontakt herzustellen, da die Althengste ja Grenzen um ihre Herden ziehen. Für eine Stute ist es einfacher, diese Grenze zu überschreiten, um sich von ihrer Herde zu entfernen und einen oder mehrere Junghengste an sich zu binden.

Mein Freund interveniert: „Aber es gibt doch die Regel in der Herde, dass die Pferde immer zusammenbleiben und nur der Althengst von Zeit zu Zeit die Gruppe verlassen kann.“ Ich muss lachen: „Aber es ist ja jedem Pferd freigestellt, seine Herde ganz zu verlassen und das kann eine Stute jederzeit machen. Sehr pfiffige Stuten nutzen dafür die Geburt ihres Fohlens, weshalb ich gerade lachen musste. Denn eine Geburt ist der einzige Grund für die Ausnahme von dieser Regel. Am Abend zuvor können sie sich daher problemlos von ihrer Herde entfernen und kehren dann einfach nach der Geburt ihres Fohlens nicht wieder zurück. Beim ersten Fohlen bleiben die Stuten aber meist in ihrer Herde. Es scheint für sie angenehmer zu sein, wenn in der für sie neuen Situation die gewohnten Tiere um sie herum sind.

Das Abwandern passiert meist frühestens beim dritten oder vierten Fohlen und ist auch eher

die Ausnahme. Trifft eine solche Stute dann aber auf einen Junghengst, gibt sie als erfahreneres Tier dem Hengst zusätzliche Sicherheit, was sein Selbstvertrauen stärkt. Meist ist der junge Hengst zu Beginn aber trotzdem noch leicht überfordert. Damit er nicht aus dem Gleichgewicht gerät, ist er besonders in der Gründungsphase offen für weitere Herdenmitglieder. „Würde ihn das nicht noch mehr überfordern?", fragt mein Freund berechtigterweise. „Nur, wenn mehr Stuten mit Fohlen dazukommen würden. Daher ist es keine Seltenheit, dass sich zunächst weitere Junghengste der Herde anschließen. Meist handelt es sich dabei um Hengste, die der neue Herdenhengst bereits aus seiner Geburtsherde oder aus einer Junggesellengruppe kennt. Das schafft zusätzliche Sicherheit. Mein Freund ist genauso überrascht wie ich, als ich das das erste Mal beobachtet habe, und fragt: „Bringt das nicht zu viel Unruhe in die Herde? Die Junghengste spielen doch bestimmt weiter ziemlich heftig miteinander?"

Eine Stute mit Fohlen hat ihre Herde von sich aus verlassen und ist offen für Neues.

DIE RUHIGSTE HERDE

Sobald eine Stute in der Herde ist, verändert sich das Verhalten der jungen Hengste schlagartig. Sie spielen kaum noch wie Junghengste und wenn es sie doch noch einmal überkommt, gehen sie genauso, wie es Junghengste in einer gemischten Herde tun, auf Abstand zu der Stute und dem Fohlen. „Macht der junge Herdenhengst bei den Spielen auch noch mit oder verhält der sich von Anfang an wie ein Althengst?", möchte mein Freund es ganz genau wissen.

„Auch bei dem jungen Herdenhengst kommt es noch mal vor, dass er Elemente wie Steigen, auf die Vorderbeine gehen oder sich schnell im Kreis drehen zeigt. In der Natur gibt es immer sanfte Übergänge. Aber dieses jugendliche Spielverhalten wird schnell weniger und daran, dass einer der Hengste anfängt, die Spiele zu kontrollieren und Ruhe hineinzubringen, können wir schnell sehen, wer von den Jungs tatsächlich die Rolle des Herdenhengstes einnehmen wird."

Zusätzlich zu der ruhiger werdenden Kommunikation innerhalb der Herde sorgt noch der größere Abstand zu den anderen Gruppen aus dem Herdenverband für Ruhe. Dass dieser Abstand eingehalten wird und die neu gegründete Herde den anderen Koniks nicht zu nahekommt, darauf achtet auch die erfahrene Stute, denn Hengste, die ihre Geburtsherde verlassen haben, kleben manchmal noch an ihrer alten Familie.

Insgesamt machen die Pferde aus der neu gegründeten Herde aber eh den Eindruck, dass sie froh sind, wenn sie ihre Ruhe haben. Was bestimmt auch daran liegt, dass sie sich erst mal an die neue Situation gewöhnen müssen. Trotzdem folgen sie dem Herdenverband und verlieren nie den Kontakt zu den anderen Herden. Erst viel später, frühestens nach einem halben Jahr, beginnt der neue Herdenhengst damit, direkten Kontakt zu den anderen Althengsten aufzunehmen und die Position seiner Herde festzulegen.

Fünf junge Hengste und eine Stute mit ihrem Fohlen. Eine friedliche Herde, die sich aber bald verändern wird.

Die neue Herde hält größeren Abstand zu den anderen Herden und zieht immer als letzte Gruppe weiter.

HERDENWECHSEL

Egal ob ein Pferd jetzt in eine neu gegründete oder eine schon bestehende Herde wechselt, es braucht eine gewisse Zeit, um sich einzuleben. Bei den Koniks auf der Geltinger Birk geht das, da ja alle Pferde zusammen in einem Herdenverband leben und ihr Lebensraum auch bei einem Herdenwechsel der gleiche bleibt, viel schneller, als wenn ein Hauspferd in einen neuen Stall umzieht.
Für ein neues Pferd im Stall gilt dann das Gleiche, wie für uns zu Beginn in der ersten Beziehungsebene. Es muss sich zunächst an die Umgebung gewöhnen und eine Gruppe finden, zu der es passt. Die Koniks auf der Birk können diesen Schritt überspringen und direkt Kontakt aufnehmen, um dann Teil der neuen Herde zu werden, später Aufgaben zu übernehmen und wenn nötig, auch wieder die Herde verlassen. Allerdings sind mehr als zwei Herdenwechsel in einem Pferdeleben die Ausnahme, weshalb auch wir nicht ständig zwischen verschiedenen Pferdegruppen hin- und herspringen sollten. Um trotzdem Kontakt mit Pferden aus verschieden Gruppen zu pflegen und zu ihnen auch ein freundschaftliches Verhältnis aufzubauen, gibt es eine andere Möglichkeit: Eine Beziehung, wie sie zwischen Hengsten aus verschiedenen Herden gepflegt wird.

„Auch Stuten gründen aktiv neue Herden."

Auch Männerfreundschaften sind sehr beständig. Olko (links) und Michel (rechts) habe ich noch nie kämpfen sehen.

WIE BRÜDER

Die Freundschaften zwischen Pferden gehen weit über ihre eigene Herde hinaus. Viele Althengste stehen täglich im Kontakt miteinander. Ihre Begegnungen sind stark ritualisiert und ihre Herden richten ihr Verhalten nach Art und Verlauf der Treffen.

Es ist ein typischer Spätsommertag auf der Geltinger Birk. Fast alle Herden haben sich in die Mitte des Naturschutzgebietes zurückgezogen und die Pferde grasen mit gebührendem Abstand zueinander. Diese vollkommen entspannte Phase nutzen Olko und Michel für ein kurzes Männergespräch. Dafür treffen sich die Althengste immer außerhalb ihrer Herde und folgen einem streng festgelegten Ritual.

Zunächst verlässt Michel seine Herde und begibt sich auf eine gut einsehbare freie Fläche. Dort angekommen bleibt er stehen und richtet seinen Körper und seinen Blick schnurgerade in Richtung seiner Nachbarherde. Ohne zwischendurch zu fressen oder sich um andere Aufgaben zu kümmern, wartet Michel in voller Aufrichtung mit leicht durchgedrücktem Rücken. Lange braucht er heute nicht zu warten, denn Olko bemerkt sein Gesprächsangebot bereits nach ein paar Sekunden und macht sich auf den Weg. Michel geht ihm nicht entgegen, sondern bleibt weiter an dem von ihm gewählten Rendezvous-Platz stehen. Olko geht im ruhigen Schritt auf Michel zu und stoppt einen Meter vor ihm. Kurz darauf stecken die beiden ihre Köpfe zusammen und berühren sich mit den Nasen. Der freundschaftliche Austausch dauert nur ein paar Minuten. Anschließend gehen beide Althengste wieder zurück in ihre Herden.

ENGER HERDENKONTAKT

Zwei Stunden später nähern sich die beiden Althengste erneut. Diesmal gehen sie nach ihrem Treffen nicht wieder auseinander, sondern drehen sich um, und bleiben Hintern an Hintern mit nur einem knappen Meter Abstand voneinander stehen und stellen jeder ein Hinterbein zum Ruhen auf.

„Althengste, die sich gut ergänzen, pflegen eine sehr freundschaftliche Beziehung."

Jetzt folgen ihnen ihre Herden und begeben sich jeweils auf der Seite ihres Hengstes ebenfalls in Ruhestellung. Olko und Michel setzen gemeinsam durch ihre Position und der Ausrichtung ihrer Körperachse eine für alle Koniks deutlich sichtbare Grenze, die später von ihren Lieblingsstuten, die jeweils direkt neben ihnen stehen, noch unterstrichen wird. Kein Tier, auch nicht die Pferde aus Olkos Herde, die sich in Blick- und Laufrichtung von Michels Herde befinden, überschreitet diese Grenze. Nach und nach legen sich die ersten Koniks zum Schlafen hin und die beiden Herden ruhen in dieser Formation die nächsten zwei Stunden direkt nebeneinander.

Michel und Olko pflegen eine familiäre Beziehung und setzten gemeinsam eine Grenze für ihre Herden.

Vater und Sohn ruhen mit Körperkontakt und doch etwas Abstand nebeneinander.

EINE GROSSE FAMILIE

Natürlich haben sich Jungs auch mal in der Wolle oder raufen miteinander, und auch zwischen den Koniks auf der Birk kommen ernsthafte Beschädigungkämpfe vor. Diese sind aber sehr selten und Olko habe ich tatsächlich noch nie ernsthaft kämpfen sehen. Er verlässt sich, genauso wie Michel, auf seine Ausstrahlung und Präsenz. Dafür nutzen sie die weit sichtbaren, ritualisierten Begegnungen. Außerdem bleibt es natürlich von den anderen Pferden nicht unbemerkt, wie sie ihre Herde führen. Verhalten sie sich innerhalb ihrer Herde stets souverän, wird sie auch so schnell kein Hengst aus einer anderen Gruppe infrage stellen. Bei Hengsten, die zusammen in einer Herde aufgewachsen sind, egal ob es sich um Brüder oder um Vater und Sohn handelt, ist die gegenseitige Einschätzung noch präziser und die Beziehung bis auf wenige Ausnahmen meist sehr freundschaftlich.

„Wenn ich also zunächst eine längere Zeit als Mitglied einer Herde verbracht habe, diese dann verlasse und nur auf einen kurzen Besuch wiederkomme, kann dieser auch freundschaftlich sein. Ich muss dann also nicht den Rang festlegen?“, fragt mein Freund nach. „Nein, du brauchst keinen Rangkampf durchführen“, entgegne ich und beschreibe meine Erfahrungen, nachdem ich Olkos Herde verlassen habe. „Zunächst war es für mich ein merkwürdiges Gefühl, nachdem ich drei Jahre immer in Olkos Herde geblieben war, diese zu verlassen.

Erst wollte mich Olko ja auch nicht wirklich gehen lassen. Hatte ich mich zu weit entfernt, trieb er mich zurück in seine Herde. „Warst du da zu undeutlich in deinen Signalen?“, fragt mein Freund kritisch. „Ja, das ist allerdings in dieser Situation kein Problem. Viele Pferde, die noch unschlüssig sind, ob sie ihre Herde verlassen wollen, durchlaufen diesen Prozess. Irgendwann habe ich aber klar signalisiert, dass ich seine Herde ganz verlassen möchte und bin gegangen. Ein paar Tage später bin ich mit meiner Frau wiedergekommen, damit sie die Fotos von mir für dieses Buch machen konnte. Wir haben dann erst einmal etwas mehr Abstand zu den Koniks gehalten. Es dauerte aber nicht lange und Olko kam in unsere Richtung und blieb dreißig Meter vor uns stehen.“

Gimli (hinten) und Michel pflegen nur selten und kurz direkten Kontakt.

Gespannt fragt mein Freund nach: „Und dann, hat er euch beide in seine Herde eingeladen, oder ...“, noch bevor mein Freund seine Frage zu Ende stellen konnte, antworte ich: „Nein. Ich wollte jetzt gar nicht eingeladen werden. Deshalb bin ich von meiner Frau weggegangen und habe mich auf eine freie Fläche gestellt und durch Blickkontakt mit Olko das Begrüßungsritual, wie es zwischen zwei Althengsten abgehalten wird, eingeleitet.“

Ich bemerke, wie mein Freund im Geiste das „An die Tür klopfen“ und das „Eingeladen werden“ mit diesem Ritual verglich, und unterstreiche daher die Bedeutung der jeweiligen Beziehungsebene: „Deshalb ist es so wichtig, dass wir uns jederzeit im Klaren darüber sind, in welcher Beziehung wir zu unserem Gegenüber stehen und unsere Kommunikation entsprechend gestalten. Senden wir Signale aus, die nicht zur derzeitigen Beziehungsebene passen, werden wir für die Pferde unberechenbar. Bestenfalls brechen sie das Gespräch ab, aber es kann genauso gut passieren, dass sie den Beziehungsstatus mit uns klären wollen und körperlich werden.“ Da ich sehr viel Zeit in Olkos Herde verbracht habe, ist unsere Beziehung längst gefestigt. Mein Freund will wissen, welchen Weg er mit seinen Pferden gehen sollte. „Das kannst du genauso, wie es jedes Pferd in der Natur macht, selbst entscheiden. Entweder du wirst Teil der Herde und bleibst es auch oder du verlässt die Herde irgendwann, besuchst sie von Zeit zu Zeit und pflegst die Beziehung, so wie ein Althengst es mit einer Nachbarherde macht. In jedem Fall empfehle ich dir vorher alle Beziehungsebenen zu durchlaufen.“

Aber meinen Freund beschäftigte noch etwas anderes: „Kann ich auch quasi als Althengst die Führung meiner Pferdegruppe zu Hause übernehmen?“ Zu seiner Verwunderung nickte ich: „Ja, bei unseren Hauspferden geht das, wenn du zuvor alle Schritte sauber durchgeführt hast und fast ständig bei deinen Pferden bist. Das Pferd, das bis dahin die Hengstrolle übernommen hat, ist meist froh, diese wieder abgeben zu können. Bei Wildpferden und auch bei den Koniks auf der Birk geht das nicht. Dafür sind die Tiere zu stark mit ihren Aufgaben verwurzelt. Dort kann ich nur Teil einer Herde sein und Aufgaben erledigen oder als guter Freund auf einen Besuch vorbeikommen.“

Einer muss der Chef sein. Auf der Birk ist es der älteste Hengst Karl (geb. 1997). Neben seiner Herde führt er auch den Herdenverband.

DER LEITHENGST

Als Leithengst wird der ranghöchste Hengst eines Herdenverbandes bezeichnet. Im normalen Alltag seiner Herde verhält und kommuniziert er genauso wie alle anderen Althengste. Nur wenn sich die Herden zusammenschließen und eine Koordination erforderlich ist, übernimmt er die Führung.

Auf der Geltinger Birk hat Karl die Position des Leithengstes, aber innerhalb seiner Herde spielt diese Funktion überhaupt keine Rolle. Auch ist seine Herde vergleichsweise klein. Dass er keinen weiteren Hengst in seiner Herde duldet und seinen Nachwuchs, wenn er alt genug ist, die Gruppe verlassen muss, hat nichts damit zu tun, dass Karl der Leithengst ist. Dafür ist ausschließlich sein Charakter verantwortlich.

„Aber ist sein Charakter nicht auch der Grund dafür, dass er der Leithengst ist?", möchte mein Freund wissen. „Nicht ausschließlich. Es ist die Kombination von Charakter und Erfahrung, die einen Hengst für diese Position qualifiziert. Seine wichtigste Eigenschaft ist, dass er alle Herden miteinander verbindet. Es ist eine anspruchsvolle Aufgabe, die nur ein Pferd übernehmen kann, welches sich in absoluter Balance befindet ."

HIERARCHIE DER HERDEN

Die Hengste, die eigene Herden führen, legen in ihren ritualisierten Begegnungen die Rangordnung untereinander fest. Je nachdem, welche Charaktere aufeinandertreffen, passiert das durch freundschaftliche Gespräche, ritualisierte Unterwerfung oder Kämpfe. Einmal festgelegt ändert sich die Rangordnung nur selten und sorgt dadurch für Klarheit im Herdenverband, denn die Althengste haben stellvertretend für ihre Herde die Position in der Herdenhierarchie festgelegt. Auf der Geltinger Birk stehen die Junghengstgruppen ganz unten noch unter den sich gerade in Gründung befindlichen Herden. Die Herden von Michel und Olko haben ihren festen Platz in der Mitte, während Gimli in der Blüte seines Lebens Ambitionen zeigt, mehr Führung zu übernehmen. Karl steht aber mit seiner Herde unangefochten an der Spitze der Rangordnung.
Selbst als er sich vor Kurzem schwer verletzt hatte und kaum noch laufen konnte, haben die anderen Hengste seine Führung nicht infrage gestellt und er konnte sich in Ruhe erholen. Nach einer Woche war Karl wieder topfit und die Ordnung zwischen den Herden war die gesamte Zeit über unverändert, obwohl es für Gimli ein Leichtes gewesen wäre, Karl von seiner Position zu stoßen. Dass Hengste die Verletzlichkeit eines anderen ausnutzten, habe ich bisher noch nie beobachten können. Veränderungen in der Rangordnung der Herden treten eher auf, wenn Hengste in einen anderen Lebensabschnitt wechseln. Also wenn jüngere Herdenhengste sicherer und erfahrener werden und wenn erfahrene Hengste älter werden und ihre Kräfte langsam schwinden.
Fixe Altersangaben gibt es dabei nicht, denn es hängt stark vom Charakter der einzelnen Tiere ab. Diese Entwicklung zeichnet sich genauso innerhalb ihrer Herden ab, die zur Blütezeit der einzelnen Hengste größer werden und sich mit Nachlassen ihrer Energie wieder verkleinern. Solange sie ihre Herde beständig führen und sie ihnen bedingungslos folgt, ist auch eine Veränderung in der Hierarchie der Herden die Ausnahme.

„Der Leithengst ist ein ganz normaler Hengst mit einer zusätzlichen Führungsaufgabe."

In seiner Herde ist Karl (ganz rechts im Bild) ein ganz normaler Hengst und überlässt viele Aufgaben seinen Stuten.

DER HERDENVERBAND

Der Grund, warum die Hengste eine Ordnung zwischen den Herden festlegen, ist das gemeinsame Zugverhalten. Die Koniks verhindern durch die festgelegte Hierarchie ein Durcheinander bei Wanderungen in unübersichtlichem Gelände. Die Kommunikation zwischen den Herden ist aufgrund der eindeutigen Positionen der Herden kaum erkennbar. Wird es eng, wartet die jeweils rangniedrigere Gruppe, bis die ranghöhere die Passage durchquert hat. Das Gleiche gilt bei einer knappen Nahrungsressource oder an Wasserstellen. Die Herden warten einfach so lange, bis sie dran sind, während innerhalb einer Gruppe die Tiere dicht an dicht zusammenstehen und alle gleichzeitig Zugang bekommen. Alle bis auf einen, den Althengst. Der wartet im Zweifel am Rand und sichert seine Herde ab, damit diese in Ruhe fressen, trinken oder einen Engpass durchqueren kann. „Es ist also nicht das ranghöchste Tier, das eine Ressource für sich beansprucht, sondern es sorgt dafür, dass seine Herde Zugang zu dieser Ressource bekommt?“, versichert sich mein Freund noch einmal. Ich nicke. „Aber die Geltinger Birk macht nicht den Eindruck, dass irgendetwas knapp wäre“, bemerkt mein Freund etwas irritiert, „Wasser ist ja überall und das Gras steht teilweise so hoch, dass man die Koniks gar nicht sehen kann.“

Karl lenkt aus dem Hintergrund Olkos Herde.

Was mein Freund hier anmerkt, ist natürlich richtig. Im Vergleich zu einem Offenstall mit Paddock oder einer Hauspferdeweide ist die Geltinger Birk ein Paradies für die Pferde.
Das Nahrungsangebot ist nicht nur üppig, sondern auch besonders vielfältig. Genau das ist aber auch der Punkt. So suchen die Koniks nicht nur zum Schlafen oder aufgrund des Wetters bestimmte Standorte auf, sondern begeben sich auch zum Fressen in verschiedene Vegetationszonen. Außerdem haben sie regelrechte Lieblingsstellen. Dazu gehören Bäume, an denen sie sich gerne schubbern oder solche, von denen sie besonders im Winter die Rinde abknabbern. Es ist dann gar nicht so selten, dass Karl den gesamten Herdenverband gezielt an diese Orte führt. „Das heißt, Karl lenkt als einzelnes Pferd bis zu einhundert Koniks über die freien Flächen, durch die Wälder und dichten Böschungen und alle Tiere folgen ihm? Das will ich auch können. Wie macht er das?“, fragt mein Freund neugierig und möchte, wie so viele Pferdehalter, nach den Sternen greifen. Karl nutzt dafür die einfachste Kommunikation und das minimalste Signal, dass es überhaupt gibt: „Er geht einfach vor“, antworte ich kurz. „Wie, das war es schon?“, ist mein Freund zwar beeindruckt, aber gleichzeitig auch enttäuscht. „Ja, Karl geht vor, seine Herde folgt ihm und die anderen Herden folgen seiner Herde. Das ist das Führungsprinzip der Pferde. Streng genommen macht er nichts anderes, als mit seiner Herde zu einem anderen Ort zu gehen, nur dass sich die anderen Hengste und ihre Herden an ihm und seiner Herde orientieren. Dabei spielt es noch nicht einmal eine Rolle, ob er und seine Herde vorne oder hinten gehen.“

Die häufigste Art der Führung. Karl geht mit seiner Herde einfach vor und die anderen Herden folgen später.

MYTHOS LEITTIER

In der Reiterwelt hält sich der Mythos der Leittiere, egal ob über Leithengste oder Leitstuten gesprochen wird, sehr hartnäckig. Dabei gibt es nur wenige Situationen, in denen diese Position eine Rolle spielt. Ein Beispiel ist, wenn wir zu Hause so viele Pferde haben, dass sich einzelne Herden bilden. Jetzt können wir eine Herde von einer Weide auf eine andere Koppel führen und die anderen Gruppen können sich dann dieser Herde anschließen und hinterherlaufen.

Bei dieser Form der Alltagskommunikation ist es sinnvoll, dass wir über Rangordnung nachdenken und die ranghöchste Herde führen. Ansonsten sehe ich die Leittiere eher wie große und standhafte Bäume in einem Wald. Sie haben über die Jahre sowohl Stürmen und Trockenheit standgehalten. Ab einem gewissen Alter hören sie auf in die Höhe zu wachsen und geben ihre Kraft und Erfahrung über ihre Wurzeln an die nächste Generation weiter, bis sie eines Tages fallen und ein anderer Baum ihre Funktion im Wald einnimmt.

„Leittiere sind wie alte Bäume in einem Wald. Unter ihrem Schutz wachsen junge Bäume heran und sie sind über ihre Wurzeln miteinander verbunden."

01

MENSCH BLEIBEN

— und pferdisch sprechen

Wir dürfen nicht denken, dass, wenn wir die Sprache der Pferde verstehen und sprechen, wir mit ihnen auf einer Stufe stehen. Die Pferdesprache dient uns lediglich zur besseren Verständigung. Am Ende bleiben wir doch Menschen.

Natürlich können wir, wohldosiert auch Teile unserer menschlichen Sprache in die Kommunikation mit unseren Pferden einfließen lassen. Mir fällt es schwer, das Brummeln der Pferde nachzumachen und wenn ich es versuche, komme ich mir albern vor. Deshalb ersetze ich dieses stimmliche Signal bei meinen Pferden zu Hause durch normale Worte und murmle dafür leise mit tiefer Stimme: „Na, wollen wir mal." Trotzdem achte ich darauf, dass ich nur ein stimmliches Signal gebe, wenn die Pferde es auch machen würden. Deshalb spreche ich meine Pferde auch nicht mit ihren Namen an, wenn ich eine Anfrage starte. Tiernamen verwende ich fast ausschließlich, um in einer Unterhaltung mit einem Menschen deutlich zu machen, über welches Tier wir gerade sprechen. Das ist auch der Grund, warum die Koniks auf der Geltinger Birk Namen haben.

Eine Belohnung durch Leckerlis verwende ich im Umgang mit meinen Pferden nicht. Ich finde es zwar nicht schlimm, wenn Reiter ihren Tieren einen Pferdekecks geben, aber mich stört es in der Kommunikation mit meinen Pferden, da ich dafür immer zum Kopf des Pferdes gehen muss, dadurch das Gespräch unterbreche und die Pferde durch die Berührung am Kopf verwirre. Möchte ich meine Pferde durch Futter belohnen, gehe ich mit ihnen zu einer Stelle, an der wir alle etwas Leckeres finden.
Das kann ein Apfelbaum im Garten sein oder auch neue Kräuter oder Mineralien im Pferdeauslauf. Beim Grooming kommen meine Pferde dagegen in den Genuss meiner anatomischen Besonderheiten und ich kratze sie auch dort, wo andere Pferde nicht hinkommen, halte mich aber ansonsten genau an die Gepflogenheiten der sozialen Fellpflege.

02

01 Das Wiehern der Stute hat geholfen. Der Jährling kommt zurück in die Herde. Als Mensch können wir gerne unsere Pferde mit ihrem Namen rufen, statt zu wiehern.

02 Das Problem bei der Belohnung mit Leckerlis bei Pferden, ist die ständige Unterbrechung der Kommunikation und die hohe Erwartungshaltung der Tiere. Natürlicher ist es, wenn wir ein Pferd oder eine Gruppe zu einer Belohnung führen.

03 Pferden juckt es an fast allen Körperstellen. Gegenseitig können sie sich nicht überall kratzen. Da können wir als Mensch unseren anatomischen Nachteil in der Pferdesprache zum Vorteil einsetzen und unsere Pferde selbstverständlich unterm Bauch kratzen. Nur beim Intimbereich Kopf sollten wir zurückhaltend sein.

03

SERVICE

BEGRIFFSERKLÄRUNGEN

KOMMUNIKATION

Verbale Kommunikation: die Verständigung ausschließlich mit gesprochenen Worten.

Para-verbale Kommunikation: die stimmliche Verständigung durch Sprechtempo, Betonung, Sprechpausen, Lautstärke, Sprachmelodie und über den Tonfall (Intonation).

Nonverbale Kommunikation: die bewusste oder unbewusste Verständigung ohne Worte mittels Blickkontakt, Gesichtsausdruck (Mimik), Körperhaltung und -bewegung (Gestik), Berührung (Taktilität), räumliche Distanz, Erscheinungsbild/Auftreten (Habitus) durch Geruch (Schweiß, Parfum & andere Duftstoffe usw.), Anhaftungen am Körper (Schminke, Schmutz, Staub, Spinnweben, Schnee, ...), persönlicher Eindruck (durch Kleidung, Frisur, Fell, Mähne usw.).

Auditive Kommunikation: Verständigung mittels Hören; es werden Lautäußerungen wie Wiehern oder Schnauben wahrgenommen und interpretiert.

Akustisches Signal: Geräusche oder Lautäußerungen eines Pferdes, einer Herde oder aus der Umwelt.

Olfaktorische Kommunikation: Verständigung mittels Riechen; es werden Gerüche zum Austausch von Informationen genutzt.

Olfaktorisches Signal: Duftmarken, Drüsensekrete, Pheromone oder andere Duftstoffe eines Pferdes, einer Herde oder der Umwelt.

Visuelle Kommunikation: Verständigung mittels Sehen; es werden Mimik, Gestik und andere optische Signale wahrgenommen und interpretiert.

Optische Signale: sichtbare Zeichen mittels Ausdrucksbewegungen/-verhalten, Formen oder Farben.

Taktile Kommunikation: Verständigung mittels Tastsinn; es werden Berührungen, Bewegungen, Temperaturen, Druck und Beschaffenheit wahrgenommen.

Körpersprache: Bezeichnung für alle bewussten und unbewussten Signale, die mit dem Körper gegeben werden wie Gestik, Mimik oder Körperhaltungen.

Pferdesprache: umgangssprachlicher Begriff für die Kommunikation der Pferde.

LEBENSPHASEN UND -FORMEN

Herde: Bezeichnung für eine Gemeinschaft von Pferden mit natürlich gewachsenen Strukturen aus weiblichen und männlichen Tieren jeden Alters, die als Einheit in einem Gebiet leben.

Gruppe: Bezeichnung für eine Ansammlung von Pferden, die nicht zwingend eine gemischte Herdenstruktur aufweist.

Junggesellengruppe: Bezeichnung für einen Zusammenschluss von ausschließlich jungen männlichen Pferden.

Herdenverband: Bezeichnung für den Zusammenschluss mehrerer Herden zu einer großen Sozialgemeinschaft innerhalb eines Gebiets, wobei die Herden untereinander klar abgegrenzt sind.

Rangordnung: Begriff für die hierarchische Organisation zwischen Herden in einem Herdenverband.

Fohlen: Bezeichnung für ein Pferd von der Geburt bis zum Alter von einem Jahr.

Jungtier: Bezeichnung für ein Pferd im Alter von ein bis drei Jahren, unabhängig vom Geschlecht.

Jährling: Bezeichnung für ein junges Pferd im zweiten Lebensjahr, unabhängig vom Geschlecht.

Erwachsenes Pferd: Bezeichnung für ein Tier ab vier Jahren, unabhängig vom Geschlecht.

Junghengst: Bezeichnung für ein männliches Pferd im Jugendalter (ca. ein bis vier Jahre). Es kann sowohl in seiner Geburtsherde, in einer Junggesellengruppe oder einer anderen gemischten Herde leben.

Althengst: Bezeichnung für ein männliches Pferd im Erwachsenenalter, das aufgrund seines Alters große Erfahrung und Souveränität besitzt.

Herdenhengst: Bezeichnung für ein männliches, erwachsenes Pferd, das eine Herde von Pferden führt, die aus männlichen und weiblichen Tieren und ihrem Nachwuchs besteht.

Leithengst: Bezeichnung für den Herdenhengst, dessen Herde die höchste Rangposition im Herdenverband innehat.

Jungstute: Bezeichnung für ein junges weibliches Pferd, welches noch kein Fohlen bekommen hat.

Altstute: Bezeichnung für ein weibliches Pferd im Erwachsenenalter, das aufgrund seines Alters große Erfahrung und Souveränität besitzt.

Mutterstute: Bezeichnung für ein weibliches Pferd mit einem Fohlen bei Fuß.

Leitstute: Bezeichnung für ein weibliches Pferd im Erwachsenenalter mit besonderen Aufgaben im Herdenverband.

Wildpferde: Bezeichnung für Pferde, die nicht in menschlicher Obhut leben, die mit zweierlei Bedeutung verwendet wird:
1. aus zoologischer Sicht: Bezeichnung für Pferde, die nicht direkt genetisch mit Hauspferden in Zusammenhang gebracht werden können und nicht vom Menschen domestiziert wurden.
2. allgemein gesellschaftlich:.Bezeichnung für alle Pferde, die wild leben und nicht von Menschen versorgt, gefüttert oder genutzt werden.

Wild lebende Pferde (frei lebende Pferde): offizielle Bezeichnung für alle Pferde, die autark in der Natur leben, ohne vom Menschen versorgt, gefüttert oder genutzt zu werden.

Wildies: moderner Sammelbegriff für frei lebende Pferde.

Verwilderte Pferde: Bezeichnung für ehemalige Hauspferde, die seit mehreren Generationen frei leben, ohne vom Menschen versorgt, gefüttert oder genutzt worden zu sein.

Hauspferde: Bezeichnung für Pferde, die von Menschen gezüchtet und gehalten werden.

LEBENSRAUM

Naturschutzgebiete: festgelegte Gebiete, in denen Natur und Landschaft gesetzlich geschützt sind; die Landschaft wird durch verschiedene Maßnahmen in einen ursprünglichen Zustand zurückversetzt, um die Ansiedelung bestimmter Tiere oder Pflanzen zu fördern.

Nationalparks: besonders wertvolle Landschaftsgebiete, die gesetzlich geschützt sind und nicht durch den Einfluss vom Menschen verändert werden dürfen bzw. sich zum Zweck der Wiederverwilderung sich selbst überlassen werden.

Topografie: Bezeichnung für die Form einer Landschaft bzw. der Erdoberfläche.

Lebensraum: Begriff für einen abgegrenzten Lebensbereich, in dem Tiere und Pflanzen eine förderliche Lebensgemeinschaft bilden.

Wildwechsel: Bezeichnung für einen Pfad in der Natur, auf dem Wildtiere sich in ihrem Lebensraum regelmäßig fortbewegen.

RASSEN

Konik: kleines Urpferd, das aus Polen stammt und als Nachfahre des Tarpans gilt.

Garrano: portugiesisches Urpferd, dass seit Jahrtausenden wild in ursprünglichen Lebensräumen lebt und zum Erhalt zusätzlich auch gezüchtet wird.

Exmoor-Pony: Urpferderasse aus dem Süden Englands, die zum Erhalt gezüchtet wird.

Przewalski-Pferd: auch Takhi genannt, galt lange Zeit als das eigentliche Wildpferd und stammt aus den Steppen und Hochebenen Asiens.

ZUM WEITERLESEN

Bunzel-Drüke, M. u. a.: **Naturnahe Beweidung und Natura 2000**, Herausgeber: Arbeitsgemeinschaft Biologischer Umweltschutz im Kreis Soest e. V. (ABU), 2019
Im Vordergrund des Buches stehen die Auswirkungen naturnaher Beweidung auf die Lebensraumtypen sowie die Tier- und Pflanzenarten der FFH-Richtlinie und die Vogelarten der Vogelschutzrichtlinie.

Frenz, Lothar: **Wer wird überleben?**, Die Zukunft von Natur und Mensch, rowohlt 2021
Wir stehen vor einem historischen Wendepunkt in unserem Verhältnis zur Natur: Mit der Coronapandemie sind zum ersten Mal die Auswirkungen der Arten- und Biodiversitätskrise für uns als Spezies Mensch größer als die globalen Folgen des Klimawandels. Lange schon haben Artenschutzexperten gewarnt, dass ein solches Virus durch den ausrottenden Handel mit Wildtieren entstehen wird. Haben wir diese Wucht, den kommenden Wandel noch im Griff?

Jezierski, Tadeusz, Jaworski, Zbigniew: **Das Polnische Konik**, Verlags KG Wolf, 2008
Das Polnische Konik ist eine primitive Pferderasse, die oft fälschlich auch als Tarpan bezeichnet wird. Es handelt sich um den zu Beginn des 20. Jahrhunderts begonnenen Versuch, letzte Reste der ausgestorbenen Tarpane (vermischt mit eingekreuztem Hauspferdeblut) zu erhalten. Als Tarpane bezeichnete man osteuropäische Waldpferde – vermutlich echte Wildpferde – die in den Wäldern Schutz vor Verfolgung suchten.

Jones, Janet L.: **Horse Brain – Human Brain**, Erkenntnisse aus der Neurowissenschaft – Wie Pferd und Mensch denken, fühlen, handeln, KOSMOS 2022

Wahrnehmen, fühlen, denken, handeln: Das Gehirn steuert das Verhalten – beim Pferd ebenso wie beim Menschen. Die Neurowissenschaftlerin und erfolgreiche Trainerin Janet Jones erklärt leicht verständlich und aus der Praxis heraus, welche Gemeinsamkeiten und Unterschiede es in Aufbau und Funktion des Gehirns bei Mensch und Pferd gibt und wie wir dieses Wissen anwenden können, um die Welt mit den Augen des Pferdes zu sehen.

Kaula, Chris: **Heimische Tiere**, Unterwegs mit Chris Kaula, Zielfoto Spezial
Der Biologe und Tierfotograf Chris Kaula eröffnet uns in diesem Buch einen ganz besonderen Blick auf unsere Welt. Seine Spezialität ist es, Tiere in ihrer unmittelbaren Umgebung darzustellen: Im Wald, auf der Wiese, am Bach, aber eben auch in der Stadt. Seine Fotos ermöglichen dabei einen besonders intensiven Einblick in das Leben der Tiere.

Schneider, Marius: **Trainingsbuch Bodenarbeit**, Gymnastizierende Ausbildung für jedes Pferd, KOSMOS 2021
Bodenarbeit, Kappzaumarbeit, Longieren, Fortgeschrittenes-Longieren, Handarbeit, Langzügel und Freiarbeit werden in erklärenden Trainingslektionen angesprochen. Marius Schneider gibt dem Leser eine „Schritt-für-Schritt"-Anleitung an die Hand, um erfolgreich Ausbildungsarbeit mit dem Pferd zu starten. Dieses 1x1 der Bodenarbeit mit Pferden zeigt, wie die einzelnen Ausbildungsschritte abgerufen werden sollten, wenn wir von unserem Pferd „Verstehen" erwarten.

Seib, Catherin: **Wahre Freundschaft mit Pferden**, KOSMOS 2022
Tierkommunikatoren kommunizieren auf telepathischem Wege mit Tieren. So erfahren sie deren Bedürfnisse und Vorlieben, entdecken mögliche Krankheiten und vermitteln zwischen Tier und Mensch. Ein Buch, das jedem Pferdebesitzer Mut macht, auf sein Pferd zu hören und falls nötig, auch unkonventionelle Wege zu gehen. Die Pferde sagen uns, was sie brauchen, wir müssen uns nur für ihre Botschaften öffnen.

Wild, Jenny: **Von Pferden lernen, sich selbst zu verstehen**, KOSMOS 2014
Pferde geben uns in allen Situationen ein direktes, unmittelbares und unverfälschtes Feedback. Das gibt uns die Möglichkeit, sehr viel über uns zu lernen. Dieses Buch erklärt die Prinzipien des Natural Horsemanship und ist angereichert mit praktischen Beispielen aus dem Alltag mit Pferden. Es verhilft zu einem Gefühl der Harmonie, Sicherheit und Freiheit im Umgang mit Pferden.

Wild, Jenny/Claßen, Peer: **Übungsbuch Natural Horsemanship**, KOSMOS 2020
Pferde sind von Natur aus nicht für die moderne Welt der Menschen geschaffen: Lärm und Hektik, wenig Platz – all das verängstigt sie. Es liegt in der Verantwortung des Menschen, dem Pferd Sicherheit und Vertrauen zu geben, so dass die gemeinsamen Unternehmungen harmonisch ablaufen können. Das Rüstzeug hierfür bietet dieses Buch: Es enthält alle grundlegenden Übungen der Kommunikation mit Seil und Halfter. So lernen Mensch und Pferd, wie Klarheit beim gemeinsamen Tun zu einer tiefen Verbindung führt.

BILDNACHWEIS

Mit 180 Fotos und Grafiken von Eike Lubetzki (Seite 3, 4, 5, 7 (Grafik), 10, 11, 12 links, 28/29, 35, 41 links, 42, 44, 45, 47, 49, 52, 56/57, 59, 60, 61, 62, 65, 74/75, 76, 77, 107, 116/117, 120, 126, 138, 146/147, 157.
Alle anderen Fotos stammen von Marc Lubetzki.

IMPRESSUM

Umschlaggestaltung von GRAMISCI Editotrial Design. Isabelle Fischer, München unter Verwendung von zwei Fotos von Eike Lubetzki (Vorderseite) und Marc Lubetzki (Rückseite).

Mit 179 Farbfotos

Unser gesamtes Programm finden Sie unter **kosmos.de**.
Über Neuigkeiten informieren Sie regelmäßig unsere Newsletter, einfach anmelden unter **kosmos.de/newsletter**

Alle Angaben und Methoden in diesem Buch sind sorgfältig erwogen und geprüft. Sorgfalt bei der Umsetzung ist jedoch geboten. Verlag und Autor übernehmen keinerlei Haftung für Personen-, Sach- oder Vermögensschäden, die im Zusammenhang mit der Anwendung und Umsetzung entstehen könnten.

Gedruckt auf chlorfrei gebleichtem Papier

ISBN 978-3-440-17294-0
Redaktion: Gudrun Braun
Gestaltungskonzept: Peter Schmidt Group GmbH, Hamburg
Gestaltung und Satz: Claudia Adam Graphik Design, Bad Kreuznach
Produktion: Claudia Frank
Druck und Bindung: FIRMENGRUPPE APPL, aprinta druck Wemding
Printed in Germany/Imprimé en Allemagne

FSC www.fsc.org MIX Papier aus verantwortungsvollen Quellen FSC® C004592